品種論

品種論

田中孝幸 著

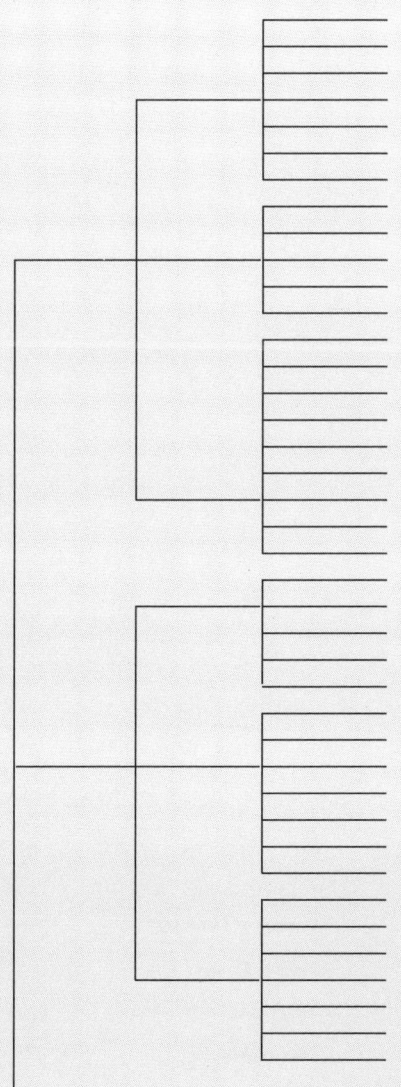

東海大学出版会

Concept of Cultivar

Takayuki TANAKA

Tokai University Press, 2012

Printed in Japan

ISBN978-4-486-01839-1

まえがき
Preface

　作物の品種，ペットの品種については，農家や育種家だけでなく，広く一般の消費者，生活者も関心は持っている．しかし，その概念，定義となると一般用語として何となく理解しているに過ぎず，国語学者からのアプローチもなく，生物学者からのアプローチもない．品種の概念，定義は，国語学者から見れば専門的な知識を必要とするために考えることの困難な用語で，生物学者，とりわけ分類学者から見れば人為的なものであるが故にそれほど関心のない用語である．一方，新しい品種を作ろうとしている育種家など農学者でも学術用語として品種の概念，定義について真剣に考えている人は少ない．また，品種に関する国際的な委員会が開かれてもそれは命名法など規約の制定が中心となっている．

　品種とは一般用語でもあるが，農学的には極めて学術的な用語でもある．したがって，これまでも農学者により品種の概念が定義されてきたが，人為的，便宜的な要素が強く，生物分類学的要素が少なかった．また，品種名の付け方にも学問的な根拠が弱く，細胞融合や形質転換などの技術によりこれまでできなかった種間の体細胞雑種や動植物を超えた生物間の遺伝子組み換えが可能になり，品種が育成されるようになった現在，それらの品種の概念，記載方法についても検討が必要と思われた．

品種の成立起原については，野生種から作物が成立する過程およびそのメカニズムに重点を置いた．ただ，作物の成立起原とせず，品種の成立起原としたのは，作物の持つ変異に重点を置きたかったからである．したがって，品種の起原といってもすでに成立している作物の中での育種，近年の品種にはそれほど重点を置いていない．

　動物の品種 Race などには言及しなかった．日本語の品種という学術用語は動植物共通で問題ないが，英語の学術用語として栽培変種 Cultivated variety の略である Cultivar を動物の品種に当てることには無理があり，動物の種や属の定義が植物より明確であることや分類基準が少し異なることなどから，概念の定義にも表現を変えなければならないものが多かったからである．ただし，基本的には，動物の品種の概念にも植物の品種と同様の概念，基準を当てはめれば良いと考えている．

　品種のような学術用語に関しては，特に命名法については，最終的に国際的な委員会で行うべきもので，概念，定義についても，独断にならないように公の場で議論，検討することが必要である，しかし，その前に誰かが考え提案する必要がある．著者は，サザンカとヤブツバキの雑種起原と考えられるハルサザンカの成立起原を作物の成立，栽培化の中での品種あるいは品種群の成立起原として 35 年間研究し，合わせて品種の概念，定義についても長い間考えてきた．品種の成立起原や育種のような具体的な研究と品種の概念，定義のような理論的研究という二つの課題は，関連しているが別のものであった．ここでは，品種の概念，定義に関する著者の考え方を公開して叩き台としたい．

目　次

まえがき……………………………………… V
第1章　属，種，変種の概念　……………… 1
第2章　品種の概念と定義　………………… 9
第3章　品種群の概念と定義　……………… 23
第4章　分類学的な品種の分類　…………… 35
第5章　生殖的隔離　………………………… 43
第6章　生物学的分類と人為分類　………… 61
第7章　品種の成立　………………………… 75
第8章　栽培化された植物の特徴　………… 95
第9章　雑種起原の種　……………………… 105
第10章　品種の固定と弱勢化　……………… 123
第11章　品種登録および同定　……………… 133
第12章　品種名の表し方　…………………… 139
あとがき……………………………………… 147
参考文献……………………………………… 151
附録…………………………………………… 154
索引（事項名，植物名）…………………… 156

第1章 属，種，変種の概念
Concept of Genus, Species and Variety

　品種の概念を考える前に，まず植物の自然分類，特にこの本で頻繁に出てくる属 Genus，種 Species および変種 Variety の概念について説明する．

　1987年，オハイオ州立大学で開催されたアメリカ生物学会 American Institute of Biological Sciences で「属の概念に関するシンポジューム Symposium on the Concept of Genus」に参加した．それまでにも属以下のレベルが開催されていたと聞いていたが，それぞれに時代を反映したものであったと思われる．その中で，あるいは単独に，多くの学者が属，種，あるいは変種の基準について色々な表現でまとめているが，分かりやすくまとめると概ね次のように表わすことができる．

種 Species とは，
（1）性的隔離で相互に隔てられた交配可能な一群 Syngameon（G. E. DuRietz, 1930）．
（2）相互に生殖的に隔離されており，しかも現実に（または機能的に）交配が可能ないくつかの自然集団の全群（Mayr, 1940）．
（3）個体集団間に機能的な生殖的隔離のない最大サイズの集団（集団遺伝学の観点）．
（4）同所的 Sympatric に存在した時，自由に交雑が

行われ，その子孫の稔性 Fertility の高いもの，すなわち，ジーン・プール Gene pool を共有できる生殖的隔離 Reproductive isolation のない分類的群 Taxon.

属 Genus とは，
自然界において同所的にあっても交雑が行われにくく，たとえできたとしてもその子孫の稔性も高くない，すなわち生殖的隔離の働く別種の内，人為的な交雑では，確率は低く，また，困難であっても組織培養などの技術を用いないで少なくとも雑種第一代 First filial generation ができる近縁の種の集団の分類的群.

変種 Variety とは，
主に地理的 Geographical，生態的 Ecological，季節的 Seasonal，あるいは人為的 Artificial な隔離が主に働き，基本種と区別ができる種内の分類的群.

　種の定義の（4），属の定義，変種の定義は，著者の持つ種，属，変種の概念から考えたもので，変種の概念，定義以外はこれまでのものと大差がない．後述するが，変種の概念は人為的隔離という点に重みを加えた．しかし，科以上の分類群に比較して分かりやすいものと考えられるこのような属，種および変種の概念，定義にしてもよく考えてみると，どんな定義を考えても表現に問題は残る．
　例えば，形態学 Morphology あるいは分子生物学 Molecular biology などから，総合的に判断して明らかに第1－1図のような系統樹 Phylogenetical dendrogram が

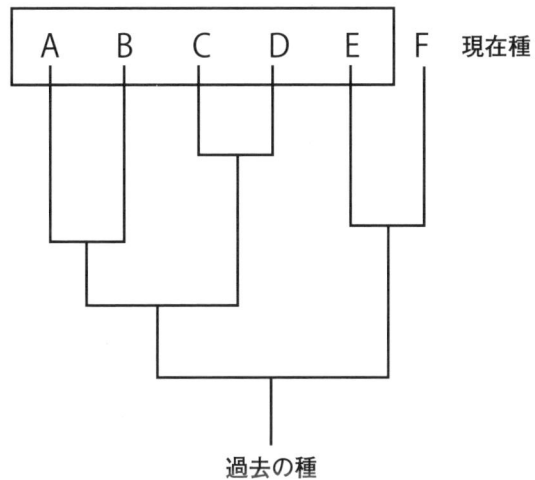

第1-1図. 交雑親和性から見た属の範囲（Ⅰ）.
　　　　　□内の種間は交雑可能とする.

考えられている種A〜Fがあるとする．ただし，種A〜Eは交雑可能で，種Fは，例えば倍数体などの突然変異から生じた種で最も近縁の種Eとも交雑ができないものとする．

　前に述べた属や種の定義であれば，A〜Eは，交雑が可能なので同属，Fは交雑が不可能なので異属ということになる．しかし，形態学による分類学者だけでなく，分子生物学者もそれらの遺伝子の類縁関係から，種Eと種Fは，種Aと種Eより系統的にはるかに近縁であることを見い出すに違いない．このような場合，種Fがあまり形態的に種A〜Eと異ならない時，交雑が不可能でも系統樹から判断して同属に入れられることが多い．

　同様に，種A〜C間あるいは種E〜H間で交雑が可能で，グループ（A〜C）とグループ（E〜H）間では交

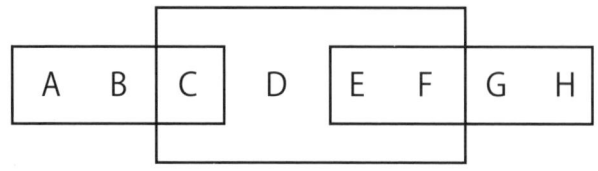

第1-2図. 交雑親和性から見た属の範囲（Ⅱ）.
　　　　□内の種間は交雑可能とする.

雑が不可能, 種Dは種Cと種E, Fとも交雑可能な時（第1-2図）を考えてみる.

　例えば, レタスの仲間 Lactuca 属で, Lactuca 節のレタス L. sativa が第1-2図のA, L. serriola がB, L. saligna がC, L. virosa がD, Indica 節のアキノノゲシ L. indica がHと考える. 節とは, 属の中にあって種の上のレベルの分類群である. Lactuca 節の中で最もレタスに近いものは L. serriola で, 私たちのこれまでの研究でレタスと相反交雑 Reciprocal cross が約65％の確率で可能（花粉親にしても種子親にしても交雑が可能）であった. 次に近いのは, L. saligna でレタスを花粉親にした時にだけ, 結実率が11％で交雑が可能であった. 一方, L. virosa はレタスと形態的に類縁関係が遠いだけでなく, 交雑もできなかった. しかし, L. saligna は, 同節の3種とも交雑が可能で有用遺伝子のレタスへの橋渡し役の可能性が期待されている. Indica 節のアキノノゲシ L. indica は, Lactuca 節の4種とはまったく交雑ができない. このような例は, 植物種では動物と比較して多く, ラン類などの一部を除き種Aから種Hまでを同属に入れることが多い. このように, 自然分類で最も大切なもの

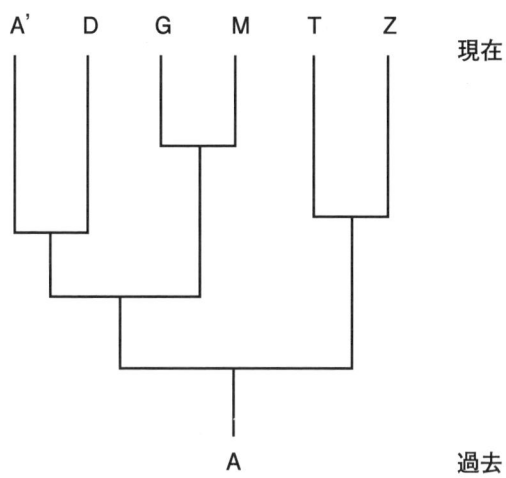

第1-3図．生物の歴史的な系統樹．

の一つである系統樹や交雑可能性とここで述べた属の定義とでは矛盾がある．

　また，交雑親和性および系統樹で属や種の違いを区別したとしても，古生物学 Palaeontology 的立場から考えると系統発生による分類は不可能である．例えば，ランなど被子植物の種Zの直接の祖先が藍藻類の種Aであり，また，Aがあまり進化せずに藍藻類の種A'として生き残っていたとする（第1-3図）．被子植物のZは，その祖先が藍藻類のAであっても地理的に隔離され，それが変異を生み，生殖的に隔離された種の違いへと発展を繰り返し，コケ植物，シダ植物，裸子植物を経て進化を遂げたものなので，分類の定義に従えば藍藻のA'とは明らかな別属，別種である．一方，種の成立はかなりの

数の世代後に蓄積された変異と変異の蓄積に起因する生殖的隔離を基本とするので，親と子を別種にすることはできず，歴史的に見れば，AとZの間に種の区別をすることはできないという矛盾が生じる．過去にさかのぼれば，すなわち古生物学的に言うと種や属は連続したものである．

このように，自然分類 Natural classification という大儀のため，進化，系統樹を重んじすぎると種分類はできないことも事実である．系統樹は生物の家系図であって分類ではなく，厳密に言うと系統樹（自然分類）で種分類はできない．属，種，変種の区別は，系統樹よりも前に述べたように交雑親和性などを考慮しなければならず，分類学は自然分類に近づこうと努力しているが現時点における便宜的（人為的）な分類法と考えて良いのかも知れない．最も合理性のある現時点での種分類は系統樹を参考にした交雑親和性や形態による分類で，この後は自然分類と区別して生物学的分類 Biological classification とする．

属より上の分類階級，例えば，科 Family，目 Order，綱 Class，門 Phylum，界 Kingdom の概念については，第6章に詳述するように分子生物学の手法を用いて自然分類による植物など植物の分類体系ができつつある．しかし，このような属より上の分類階級の概念については，属以下の分類に比較して，それらの分類学的合理性を示すことのできる概念を表現することは困難である．また，本題である品種の概念の説明に差し当たり科以上の分類的概念は必要でないので，被子植物の属以上の分類群の概念の解説は行わない．ここでは分類階級の例としてサ

ザンカ *Camellia sasanqua* Thunb. を用いて第1−1表に従来のエングラー体系（1964）による，第1−2表にＡＰＧⅢ（Angiosperm Phylogeny Group, 2009）による分類を示す．

第1−1表．エングラーの被子植物分類体系（1964）による分類

階級		例（サザンカ）	
界	Kingdom	植物界	Plantae
門	Division	被子植物門	Angiospermae
綱	Class	双子葉植物綱	Dicotyledoneae
目	Order	オトギリソウ目	Guttiferales
科	Family	ツバキ科	Theaceae
連	Tribe		
属	Genus	ツバキ属	*Camellia*
節	Section	パラキャメリア節	Paracamellia
種	Species	サザンカ	*Camellia sasanqua*
変種	Variety		

第1−2表．ＡＰＧⅢ体系（Angiosperm Phylogeny Group, 2009）による分類

階級		例（サザンカ）	
域	Domain	真核生物	Eucaryota
界	Regnum	植物界	Plantae
門	Division	真葉植物門	Euphyllophytes
単系統群	Clade	種子植物	Spermatophyta
綱	Class	モクレン綱	Magnoliopside
単系統群	Clade	真正双子葉類	Eudicots
亜綱	Subclass	キク亜綱	Asteridae
目	Order	ツツジ目	Ericales
科	Family	ツバキ科	Theaceae
属	Genus	ツバキ属	*Camellia*
節	Section	パラキャメリア節	Paracamellia
種	Species	サザンカ	*Camellia sasanqua*
変種	Variety		

第2章 品種の概念と定義
Concept of Cultivar

　日本の農学者は，古くから品種と変種とを以下のように実際的に区別して用いてきた．日本語で品種の「品」の字は「しな（もの）」を表わす字で，品種とはもともと品物として扱われる（変）種を示すために付けられた用語で，分類学的立場ではなく，農学的な立場で扱われ，その定義は後になされた．

　1）大日本種苗協議会（1946）
　品種とは1作物内において栽培または利用上，他のものと判然と区別され，かつその作物で常用されている繁殖法で子孫に永続されるような遺伝的特性を持った一群を言う．
　2）育種学要論（松尾考嶺，1971）
　変種とは一つの種に属する集団の中で，相互に雑種形成は自由に行いうるが，いくつかの重要な形質の変異について不連続性を示し，その遺伝子組成を異にする集団をいい，農作物や家畜の中で，農業上重要な特性について遺伝子組成を異にしている変種を品種という．
　3）野菜品種命名基準（1976）および花卉品種命名基準（1977）
　品種とはある種類（通常は属）のなかにあった，何らかの遺伝的特性（形態的，生理的，化学的他）により明確に識別される栽培植物の一つの小分類．
　4）農産種苗法（1947）種苗法（1978）

品種とは固定品種と交雑品種とをいう．固定品種とは同一の繁殖の段階および異なる繁殖の段階に属する植物体のすべてが次に掲げる要件を満たす場合におけるその植物体のすべてをいい，交雑品種とは固定品種の植物体と他の固定品種の植物体とを交雑させて得られる植物体のすべてが次に掲げる要件を満たす場合におけるその植物体のすべてをいう．（要件1）重要な形質に係る特性において十分に類似していること．（要件2）一または二以上の特性により他の植物と明確に区別されること．

このように，日本では，品種という用語，概念が定義より先にあり，分類学的立場ではなく，農学的な立場や法律的な立場で定義がなされ，品種という用語に分類学的要素が隠されていることにそれほど注意が払われなかった．

一方，アメリカで Work and Paul（1914）は，命名委員会の規約で Kind, Variety, Strain および Stock に分け，熊沢（1953）は，それぞれ，種類，品種，系統および原種と訳したが，品種や系統の間にはっきりとした境界線も段階もないとしている．この考えは，Cultivar という言葉が考案される 1960 年代まで続き，国によっては最近の論文でも Cultivar 品種と同じ意味で Variety を使う研究者も多く，Cultivar と Variety が同じものだという考えも残っている．ただし，Work and Paul（1914）は，Variety の定義を「同一種内で，栽培あるいは利用上の主要形質の同様な群をいう．品種間には一つ以上の顕著な実用形質で判然たる差がなければならない．」としていることからこの Variety が，この本でいう品種に近

いものであることは間違いない．しかし，品種と変種 Variety を区別する学術用語 Cultivar はなかった．

このように，欧米では，品種に当たる専用の学術用語が 1960 年までなかったことからも，また，一般には Botanical variety と区別して書くことはせず，単に植物分類学の用語で「変種」と日本語に訳される Variety と書いていたことからも分かるように，品種の概念そのものが重要視されていなかった．ただし，著者も品種は変種の一部として考えており，欧米でも，品種は，植物学的変種 Botanical variety に対して庭（園芸）の変種 Garden variety という表現のように変種の一つとして考えられていた点は評価できる．また，品種に当たる専用の用語がなかったのは，植物学者が植物を扱うときの材料として種のレベルで考えることが多く，品種の持つ大きな変異性には，関心を持ち得なかったためと思われる．しかし，Variety は品種そのものではないので品種という用語に Variety を当てることと品種と変種を区別する学術用語がなかったことは適切でなかった．したがって，国際語としての英語でも品種に当てはまる学術用語を作る必要があった．

栽培植物命名法国際規約 International Code of Nomenclature for Cultivated Plants (I. C. N. C. P.) が最初に開かれたのは 1953 年で，英語で Cultivar という学術用語が最初に現れたのは 1961 年の栽培植物命名法国際規約であった．この委員会で，柑橘の研究で国際的な活躍をされ，日本語として品種の概念を持たれていた田中長三郎博士（1957，1958，1969）が委員長をされたように品種の概念は日本語が先行していた．第 5

条に「cv. と省略される学術用語である品種は，農業，林業，または園芸のために重要な何らかの形質 (形態学的，生理学的，細胞学的，化学的などの形質) により区別されるが故に，その特徴的な形質が (有性あるいは無性的に) 繁殖，維持されている栽培個体群を表わす．
'The term cultivar, abbreviated cv., denotes an assemblage of cultivated individuals which is distinguished by any characters (morphological, physiological, cytological, chemical, or others) significant for the purpose of agriculture, forestry, or horticulture, and which, when reproduced (sexually or asexually), retains its distinguishing features.'」と定義してあるが，その脚注にわざわざ Variety でも Cultivar でもよいと書いてある．1969 年の栽培植物命名法国際規約第 10 条でも同様であるが，前者では，Cultivar の後にカッコ書きで必ず Variety が書かれていたのに対し，後者では Article 10 以後はカッコ書きを省いている．この委員会には，(1) オランダにある国際植物分類事務局 The International Bureau for Plant Taxonomy and Nomenclature, Utrecht, Netherlands, (2) アメリカ園芸学会 The American Horticultural Society, Washington D. C., (3) アメリカ作物学会 Crop Science Society of America, Wisconsin および (4) イギリスの王立園芸学会 The Royal Horticultural Society, London が参画していたので翌 1970 年のアメリカ園芸学会誌 the Journal of the American Society for Horticultural Science には，cv. と表記した論文が 20 報，' ' と表記した論文が 21 報，Inbred line と表記した論文が 1 報，clone と表記した論文が 1 報で，Variety に代わり Cultivar が実際に用いられるようになった．さらに，1998 年お

よび 2002 年の委員会のまとめである最新の栽培植物命名法国際規約第 7 版（Brickell, 2004）の第 2 条 2 項には「栽培品種とは一つの特定の属性または属性の組み合わせのために選抜された植物の集合であり，それらの特性が明瞭で，均一で，かつ安定して，さらに適切な方法により繁殖される時にそれらの特性を維持する集合である」と定義してあり，これが現在の最も権威のある定義となっている．しかし，植物新品種育成者の権利を保護することにより、多様な新品種の育成を活発にするための最も権威のある国際機関のＵＰＯＶ（The International Union for the New Varieties of Plants）では，今でも機関の名前に Varieties とあるように，品種に相当する用語として Variety も用いている．また，栽培植物命名法国際規約第 7 版の作成には色々な検討がなされたようであるが，基本的には 1969 年のものを基本にした命名法であり，品種の概念には多くを割いていない．

　日本語では，品種という用語は英語より早くから存在し，しかも現代の品種の概念とよく似ていた．ただし，分類学的立場ではなく，農学的な立場や法律的な立場で定義はなされ，品種という用語に分類学的要素が隠されていることにそれほど注意が払われなかった．一方，英語のこの表現は従来の分類学的な概念を表現するだけでなく，日本語の品種の概念を取り入れているのでより合理的な表現であった．具体的にいえば，品種 Cultivar とは Cultivated variety の略で，日本語に直訳すれば栽培変種であるが，品種には栽培されている品物という意味を含んでいるので品種でよい．Cultivar を栽培変種と訳すことは許容されても栽培品種と訳すことには問題があ

る．委員会をまとめられた田中長三朗博士は英語にも精通し，おそらく著者と似た品種の概念を持っていたものと思われる．ただし，田中博士らは農業上の立場で品種の概念を定義したのに対し，著者は生物学的立場，分類学的立場に農業上の立場を加味して品種の定義をした方が分かりやすく，論理的だと思っている．

　ここでは，まず敢えて農業上の立場を考えず，生物学的立場，分類学的立場で品種を定義してみる．

　品種 Cultivar とは，変種の中で人為的な隔離により形態的，生態的な特徴を維持しているものと定義し，その他の隔離，主に地理的な隔離によるものを狭義の変種と定義する．

　また，これを変種の立場で定義すると

　変種とは，主に地理的，生態的，季節的，あるいは人為的に隔離が働き，基本種と区別ができる種内の分類的群で，その中で人為的に隔離されているものを品種と定義する．

　このような分類学的な品種の定義は，これまでまったくされておらず，この分類学的な定義によって品種の理解がより正確なものとなる．隔離については第5章に詳述する．
　ただし，分類学的な品種の考え方だけでは品種の定義は十分でなく，農業上の立場を加味して品種の定義をする必要がある．これまでの農学者が指摘しているように，

品種が品種として成立するためには，農業上，他の区別の付く「有用な形質」を持ち，その形質が困らない範囲で品種内の個体間で均質でなければならない．最も遺伝的に均質な品種は，挿し木，接木，取り木あるいは組織培養などにより栄養繁殖されたもの，すなわちクローン品種である．固定品種の場合，種子繁殖作物では通常ある程度の個体間の形質の違いは認められても，栽培上困らない程度の遺伝子のホモ化すなわち形質の固定が必要である．F_1品種では遺伝的にはヘテロの要素が多く，次代においては分離 Segregation が見られるが，親は隔離固定された系統であり，したがって，F_1品種内のどの個体も均質にヘテロの遺伝子を持っており，品種の均質性が保たれている．このように，品種が特性を維持するためには，固定品種の場合，その品種を，F_1品種の場合，親系統を生殖的に他の品種，系統から隔離し，維持増殖されていなければならない．

　農業上の立場で，品種の定義に形質が均質でなければならないという条件には説明がいる．熊本県球磨郡五木村で栽培されていた赤ダイコンの研究をしたことがある．育種学の本に書いてあるように在来系統なので，形質の固定が十分でなく，種子を播くと形質の変異の多いことに驚いた．ダイコンは自家不和合性 Self-incompatibility による他殖性なので，もともとヘテロ性が高いという特性もある（De Nettancourt, 1977）が，他殖でも遺伝的に近いものを交配し続けていると内婚弱勢で作りにくくなるので五木村の人たちは無意識にヘテロ性を維持するような変異の大きい選抜をしていたのかも知れない．一般に固定品種では親を隔離固定し過ぎると

内婚弱勢が生じ，放任にすると品種の均質性が保てなくなるという矛盾がある．そこで，戦後の日本で種苗会社はダイコンの4元交配によるF₁種子の生産技術を開発した．均質性のため作られた固定品種の親は内婚弱勢などのため品質としては優れていなくても固定品種の親を組み合わせることにより雑種強勢のF₁を作った時，十分な品種の均質性を担保できるからである．市販のF₁品種の形質はよく固定されているだけでなく，例えば味の良い青首の北支系ダイコンと晩抽性で白首の南支系ダイコンの雑種である春ダイコンは自家採種して種子を播いても形質が分離するので農家が自家採種できないという種苗会社にとってのメリットもあった．同じく他殖性のチコリー *Cichorium intybus* の品種は今でもF₁品種ではなく固定系統であるが，ヨーロッパで採種している市販種子は固定品種とは思えないほどの変異がある．このように，品種の定義の中に「品種の均質性」が言われることがあっても，それは「栽培上困らない程度」の遺伝子のホモ化すなわち形質の固定を意味する．

次に，品種の定義として加味されるべき条件として「他と区別できる農業など人々に有用な形質を持つ」ことについて考察する．品種間にある変異は，種の違いと同じくらい大きいことがあり，農学者の多くは，古くから種以上に品種に関心を持っていた．例えば，カブとハクサイは，生物学的には交雑も容易であることなどから同じ種と考えられ，人為選抜の結果生まれた品種と考えられているが，以前，カブは *Brassica rapifera*，ハクサイは *B. pekinensis* という学名で別種として扱われていたように両者間には形態的な違いが大きい．また，組織培養など

でも品種により培養などの容易さなど反応に大きな違いがあり，種内の品種間の変異に対する関心も高まっている．

そこで，変異が品種として認知されるための最小の変異の蓄積の大きさについて検討する．すでに述べた変種（広義）の必要条件である「基本種と区別することができる」ことが品種の場合も必要条件であることには変わりがない．突然変異で生じる白花品種などは1遺伝子の違いで支配されることがある．例えば野生のスミレに突然変異で白花が現れ，珍しいので植えて増やしたとするとこれはまず白花系統と呼ばれる．観賞価値が高く，生産・販売する農家が現れたとする．この時，この品種の基本種と区別されるものは，白花という1遺伝子によるものであったとしても，農業上有用でしかもすみれ色の花を持つ品種と混交しないように人為的に隔離・維持・増殖されていれば品種として区別してもよい．このように他と区別の付く少なくとも一つの有用な形質（遺伝子）があれば品種として認めることができる．

さらに，植物の持つ遺伝子の違いではなく，ウィルス Virus やファイトプラズマ Phytoplasma（マイコプラズマ様微生物 Mycoplasma-like organism）によって他と区別の付く有用な形質を獲得したことにより，品種として登録されているものがある．ツバキなどの鑑賞園芸植物の花の絞りや葉の斑入りの一部がウィルスによるものであることはよく知られている．ただし，絞りの花には遺伝的なキメラ性のものもあり，これは線状に絞りが入るので，赤い花に雲状の白い斑点が入るウィルス性の絞りと肉眼で容易に区別ができる．ウィルスは植物にとっては

病気であるが，赤い花に白い絞りが混ざると赤だけの花よりも美しくなる．しかも，木本植物ではウィルスの種類によって感染しても樹勢はそれほど弱まらない組み合わせがあり，ウィルス性のものは接ぎ木により伝搬するので人為的な導入も行われている．このような品種は遅くとも日本のツバキで鎌倉時代から存在しており，カビや細菌による他の病気が治ることもあるのに対して，植物は抗原抗体反応を持っていないのでウィルスに一度感染すると樹勢などにより症状が出ないことはあっても一般の栄養繁殖で消えることはない．すなわち安定して発現する．そこで，このようなウィルス性あるいはキメラ性のものも品種として認められているので，品種の条件は，遺伝子ではなく，他と区別の付く少なくとも一つの有用な形質を持つことと定義する．

　ちなみに，野生種で見られる狭義の変種の場合，地理的隔離などで変種が成立するので検索表で一つ，二つの違いしか書いていなくても実際には多くの突然変異が蓄積されている時が多いものと思われる．細かい分類をしていた時代には，前述の野生の白花のスミレを狭義の変種として基本種から区別することもあったが，その変異個体が突然変異で現れただけで，隔離され個体群として安定的に生存していない時には変種（狭義）ではなく（野生）系統という分類階級を作り，そこに入れることが適当である．

　一方，種間のＦ$_1$雑種あるいはその後代が品種になる時に区別されるべき遺伝形質の違いは，数百以上にのぼる場合もあるだろうし，ＤＮＡレベルになるともっと多い場合もあるものと思われる．このように，ある品種が

近縁品種と区別できる遺伝子の数は，1から数百以上と幅があり，品種として成立するための必要条件は「少なくとも一つの有用な形質（遺伝子）」で良いものと考える．

また，品種内に含まれる変異の大きさは，クローン品種のようにまったく認められないものから在来（地方）品種のように大きなものまで含まれる．この場合，品種内に含まれる変異は，分類群としては，系（後述）として取り扱われるに過ぎない．したがって，品種として許される品種内の変異の幅は，実用上困らない範囲とする．

これらのことを総合して品種の概念を表現すると，変種の中で，主に地理的隔離によるものを狭義の変種，人為的な隔離により形態的・生態的な特徴を維持しているものを品種と考え，さらに，

品種とは変種のうち，人類にとって有用な他と区別のできる少なくとも一つの形質を持つが故に人為的に隔離増殖され，実用的に困らない範囲で親あるいはそのものが遺伝的に固定された分類的群と定義する．ただし，F_1品種の場合親系統が，固定品種の場合その1群が，人為的に隔離増殖され，実用的に困らない範囲で遺伝的に固定されたものから作られた種子繁殖個体群で，実生や枝変わりなどの場合一つの優れた個体から人為的に増殖された栄養繁殖個体群とする．

このように定義すると品種の概念は種や属など他の分類階級の概念より分かりやすい．なぜなら，他の分類学上の概念は最終的には人為的な要素があるにもかかわらず，自然分類に近づけなければならないのに対し，品種

の概念は最初から人為的なものだからである．ただし，品種とは分類学上変種の一つとして取り扱い，変種との違いは，品種が主に農業上有益な形質を持つために人為的に隔離されたものという理解をすればよい．

系統 Line と系 Strain

　品種の概念は種や属など他の分類階級の概念より分かりやすいと述べたが，混同しやすいものもあるので整理してみる．英語で，品種を表わすのに Cultivar が，その略として cv. が，また記号として' 'が普及している．しかし，今でも Variety, var. が用いられたり，Line, Breeding line, Inbred line, Clone, Stock, Race, Strain, Genotype あるいは Accession など本来の意味では品種と異なるものが品種に当たるべきものに誤用されていることがある．

　品種には細かく言えば狭義の系統と系が含まれていることがある．もともと種子繁殖をする作物では品種内に実用上困らない程度の変異が含まれている．その品種の持つ許容内の変異であって，固定の進んでないものや選抜育成過程のもの，F_2 などで分離中のものなどを系統，あるいは系という．両者は農業上，必ずしも直接生産場面で有用でなくてもよいこと，基本品種と明らかな区別できない場合も含まれること，固定していなくてもよいことなどを除いて残りの定義は品種とおよそ共通である．必ずしも品種内の分類群でなくてもよい．

　小さく区別すると系統とは育種系統 Breeding Line や内婚系統 Inbred Line という用語があるように人為（意識）的に維持され，来歴の比較的よく分かっている系統

で，A × B や ＃13 などで表されるもの，系とは品種内で見られる早生，中生，晩生あるいは ＃29 などで表せるものなど，品種の中のあまりはっきりしない，あるいは農業上重要ではないが，形質の違うグループと考えると分かりやすい．すなわち，

　系統とはすでにある品種と区別できるグループで，人為隔離がされている点で変種の一部でもあるが品種と違って有用性が確立していないグループ，系とは，品種内にある実用上困らない程度の変異の内，何らかの特徴のあるグループであるが，基本品種と明らかな隔離がされていない点で，品種内の有用性が確立していないグループと定義する．

　ただし，変種の一部という点では品種と同格の系統であったものでも，品種内に含まれる系であったものでも，農業などで有用と考えられて品種名を付けられたり，人為隔離され，区別して市販されるようになったりしたものは改めて品種となるので品種の予備軍的な点では共通である．
　クローンは，農業上など有用と認められているものであれば品種（クローン品種も可）とし，有用と認められていなければ単にクローン（栄養繁殖系）と表現するとよい．株あるいは原木を表わす Stock も同様である．
　Genotype が品種あるいは系統をまとめたものとして用いている場合があり，用語の用い方として問題がある．もともと Genotype とは，遺伝子型を表わす用語で，組織培養の論文などでは「培地に対する異なった反応をす

る遺伝子型を持つ種，品種，系統」をまとめて表わす時などに用いられる．正確には「ある遺伝子型を持つ個体あるいは個体群」という意味である．また，Accessionという言葉はもともと「登録」という普通名詞で，アメリカ農務省ＵＳＤＡの種子バンク Seed bank で付けられている PI 番号 Plant inventory number と発想は同じであるが，種，品種，系統など混在する表の中で Species, cultivar or line などと書く代わりにまとめたものとして用いられることが増えている．Genotype も Accession もこのように便利のよい使い方ができるが，誤解を生みやすいのでよく理解して意識して用いる必要がある．

　品種，系統，系などは，学術用語としてそれなりに概念が定着しているが，定義が曖昧なまま用いられており，したがって，用い方を間違っている例が多い．ここでは，より合理的に，学問的に考えて，混乱している品種，系統，系という用語の概念の違いを整理した．

第3章　品種群の概念と定義
Concept of Supercultivar

　Brassica 属植物は，カブ *B. rapifera* とハクサイ *B. pekinensis* を別種扱いにするなど以前 30 を超える種に分類されていた．しかし，ゲノム分析，交雑親和性，花などの形態によりＡＡ（n = 10），ＢＢ（n = 8）およびＣＣ（n = 9）というゲノムを持つ二倍体 Diploid のそれぞれハクサイの仲間 *B. campestris*，クロガラシ *B. nigra* およびキャベツの仲間 *B. oleracea* と，それらの雑種起原でＡＡＢＢ，ＡＡＣＣおよびＢＢＣＣというゲノム構成を持つ複二倍体 Amphidiploid のそれぞれカラシナの仲間 *B. juncea*，セイヨウナタネ *B. napus* およびアビシニアガラシ *B. carinata* の 6 種に分類されている（第 3－1 図）．

　さらに，キャベツの仲間には，葉を食べるキャベツだけでなく，花蕾や花托を食べるブロッコリーやカリフラワー，茎あるいは胚軸を食べるカイラン，コールラビー，芽キャベツ，ケール Kale，観賞用のハボタンなどの種内の変異を含んでいる．しかし，これらのキャベツやブロッコリーなどは品種名ではなくグループ名で，それぞれのグループには多くの品種を含んでいる．したがって *B. oleracea* var. *capitata* と書かれるキャベツの学名の var. は品種でも変種でもなく，キャベツ・グループ Cabbage group を表している．同様に，ブロッ

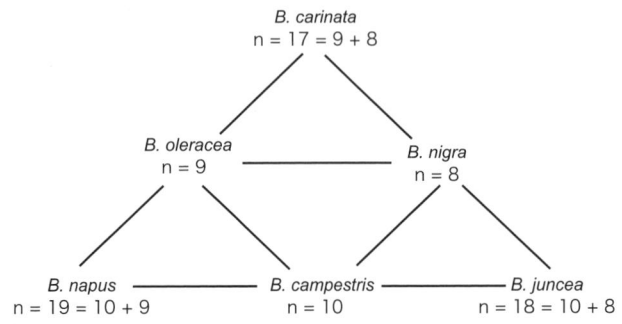

第3-1図. Brassica 属植物のゲノム分析による分類.

コリーの var. *italica* はブロッコリー・グループ Broccoli group, カリフラワーの var. *botrytis* はカリフラワー・グループ Cauliflower group, 中国南部から東南アジアで栽培され茎を食べるカイランの var. *albograbra* はカイラン・グループ Chinese kale group, コールラビーの var. *gongylodes* はコールラビー・グループ Kahlrabi group, 芽キャベツの var. *gemmifera* は芽キャベツ・グループ Brussels sprouts group, ケールと観賞用のハボタンの var. *acephala* はケール・グループ Kale group を表しており, それぞれのグループの中には多くの品種が含まれている. また, *Brassica oleracea* L. には, 地中海地方を中心に野生種が存在しており, 分類学的な記載方法として栽培種と野生種との区別はない.

同様に, *B. campestris* という種内で, 結球性のハクサイ Chinese cabbage の多くの品種および非結球性の '山東菜', '港べかな' などを含む var. *pekinensis* はハクサイ・グループを, 根部を食する '聖護院', '日野菜' な

どの品種および葉を食する'野沢菜'を含むカブの仲間 var. *rapifera* はカブ・グループを，'白茎千筋京水菜'，'丸葉壬生菜'などの品種があるキョウナあるいはミズナの var. *japonica* はキョウナ・グループを，江戸時代に菜種油（なたねあぶら）を搾っていた油菜（あぶらな）および中国産で花茎を食する'紅菜苔'を含む var. *oleifera* はアブラナ・グループを，'二貫目体菜'，熱帯アジアでも栽培の多い'パクチョイ'，葉柄が緑色をしていて日本で人気の高い'チンゲンサイ'および花茎を食する'中国菜心'などの品種を含む var. *chinensis* はタイサイ・グループを，中国野菜の'ターツァイ'を含む var. *narinosa* はヒサゴナ・グループを，'小松菜'，'肥後京菜'を含む var. *perviridis* はコマツナ・グループを，'晩生大阪白菜'および'広島菜'を含む var. *toona* はシロナ・グループを表しており，品種でも変種でもない．それぞれのグループ間の遺伝的な変異の蓄積は大きく，グループの中には多くの品種を含んでいる．

　以前，例えばカブは *Brassica rapifera*，ハクサイは *B. pekinensis* と形態的な違いから別種として扱われていたが，これらのグループ間では，花の形態などがよく似ているだけでなく，交雑親和性が高く，後代も正常で生殖的隔離がなく，減数分裂 Meiosis 時の染色体の行動，すなわちゲノム分析などから今では同じ種と考えられている．また，キャベツの仲間が緑植物低温感応型，ハクサイの仲間が種子低温感応型，カラシナの仲間が長日植物など種間で大きく異なり，種内のグループ間で共通性が高いことや原産地など歴史的にも共通性が高いことなどは，それまでの多くの種をまとめて1種にしたことの正当性を裏付けるように思われる．したがって，キャベ

ツの仲間 *B. oleracea* やハクサイの仲間 *B. campestris* は *Brassica* 属のそれぞれ一つの野生種（いくつかの変種を含む時も考えられる）から発生したものと思われ，種内のグループ間の形態の大きな違いは栽培後の人間による選抜の結果と考えられている．ちなみに，同じアブラナ科のダイコン *Raphanus sativus* は，多くの品種がダイコン葉といわれる特有の複葉をし，*Brassica* 属の種より種子の大きさも重さで十倍以上大きいだけでなく，花の色が白あるいはピンク色であるのに対して，*Brassica* 属の 3 種は黄色で一般には菜の花と呼ばれる．ただし，*Brassica* 属の 3 種の花は同じように見えるかも知れないが，キャベツの仲間は蠟質のやや大きな花で黄色が薄く，ハクサイの仲間はきれいな黄色で中間の大きさ，カラシナの仲間はやや小さく開花が遅いことなどで区別が付く．葉も典型的なキャベツの仲間は厚くて蠟質，ハクサイの仲間は葉柄がなく，基部に翼があって茎を巻き，典型的なカラシナの仲間はダイコン葉で，明らかな葉柄があって基部が茎を巻かない等の違いがある．種子もよく観察するとキャベツの仲間は大きく，カラシナの仲間は小さく，ハクサイの仲間はその中間である．しかし，作物として可食部位から形態が明らかに異なるカブとハクサイなど種内のグループ間で花など他の形質はよく似ており，開花時には区別が困難である．

　このように，種内のグループは単なる生物学的用語の変種でもなければ，農学的用語の品種でもない．それらのものは多くの品種を含むグループで，*Brassica* 属の 3 種の場合，ほぼ作物名で呼ばれるグループである．育種をする時も，ハクサイではハクサイの品種間で，カブで

はカブの品種間で交配が行われ，通常はハクサイとカブのグループ間で交雑育種されることはない．ハクサイとカブの雑種を想像すると分かりやすいと思われるが，交雑したとしても実用的なものは少ないものと考えられる．'山東菜'が結球するようになったものがハクサイで，葉の性質などはよく似ていることから，前述のように，ハクサイも'山東菜'，'べかな'も生物学的には同じ変種 var. *pekinensis*，園芸学的には同じグループのハクサイ・グループ Pekinensis group に分類していたが，ハクサイの中に多くの品種があり，もはや'山東菜'や'べかな'などと交雑することはないので，グループを分けることにする．

このように，ハクサイやカブなどのグループは，生物学的に種ではなく，また，変種でも品種でもない．また，これまで英名には，用語として品種群に当たるものはなく，学名でも例えば'無双'ハクサイであれば，*Brassica campestris* var. *pekinensis* (cv.) 'Musou' のように変種の扱いや，*B.campestris* ssp. *Pekinensis* (cv.) 'Musou' のように亜種 Subspecies 扱いで書かれている．ハクサイはあくまで栽培種で野生にはないのに，これでは野生の生物学的変種や亜種と区別が付かず，また単に *Brassica campestris* 'Musou' と書くこともあるが，これだとハクサイの仲間であることを連想できない．変種 var. は，品種を表わす cv. と区別して野生種を表わすのに使われるべきであるのに混同されている．そこで，このような品種のグループ（一般用語）に対して，学術用語として日本語で品種群，英語で Supercultivar，略号で scv. と称するように新たに提案したい．

一方，日本語で品種群という用語は，実は古くから使用されているが，今でもこの品種群という概念は明確にされていない．著者も学位論文でハルサザンカ *Camellia × vernalis* (Makino) Tanaka *et al.* をいくつかのグループに分けた時に，それに当てはまる言葉がなく，三倍体品種群 Triploid cultivars など品種群という言葉を用いるのに悩んだ．ただし，日本語としても品種群という言葉が分かりやすく，これから述べる定義によっても今までの使い方と大きな差がないのでそのまま「品種群」という用語を用い，その概念を再考する．

　品種群とは来歴あるいは形態の比較的類似した品種の集団で，品種群内の品種は近縁の他の品種群内の品種と区別できる共通の特徴を持ち，グループ間に何らかの隔離がなされているか，なされていたものと定義する．

　品種群名は，品種名と異なり学名の一部とし，したがって第2章で書いたように，品種名は固有名詞として書き，品種群名はラテン語の文法で記載するものとする．上記の品種群の定義の範囲で一つあるいは複数の基準で種内を分別し，発表されたものとする．品種群とは品種と同様，生物分類学的には変種の一つであるが，これまで，Supercultivar に当たる位置に用いられてきた Variety は，あくまで野生種に用いることにし，栽培種のグループに対しては新しい用語を用いる方が分かりやすいし，論理的である．品種群 scv. の表記は var. と同様にラテン語の文法で表すのでイタリックとし，品種 cv. は固有名詞扱いとする．例えば，ハクサイの品種'無双'を学名とし

て表わすときには，*Brassica campestris* scv. *pekinensis* cv. Musou とする．変種名を var. の後に書くように，品種名もアポストロフィー '　' で囲むより Cultivar の省略である cv. で表わした方が論理的である．

　品種の集団とは，実用上混乱を起こさなければ，2品種以上を含めば集団とみなしてよい．*Brassica* 属のように Variety 扱いしているものだけでなく，三倍体品種群 Triploid supercultivar，白花品種群 White flower supercultivar などグループ分けしておくと便利が良いというだけのものでも上記の基準に合えば可とする．

　これらの品種群の来歴について考える．まず，野生種内に従来存在していた変異の蓄積あるいは変種の違いがそのまま品種群の特徴となった場合が考えられる．種間品種のようにもともと野生種にあった変異を戻し交配により導入した品種や変種間品種のようにもともと野生種にあった変異が成立起原であった時には，親の種あるいは変種の組み合わせで共通の形質を持った品種群ができる場合が多い．

　次に，日本は南支系ダイコン *Raphanus sativus* var. *raphanistroides* の品種が多く，各地の地名がダイコンの品種名になっている '練馬'，'三浦'，'守口'，'美濃'，'聖護院'，'箕島'，'雲仙'，'桜島' のように地方で長く栽培を繰り返していく間に多様な地方品種 Local cultivar が形成された．地方品種には変異が大きく，選抜や固定をしていく中で，共通の基本的な特徴を持ちながらも異なる品種として区別される品種群が形成され，地域名は品種群名となっている．地方によって形態などが大きく異なるのは，単なるランダム・ドリフト Random drift だ

けによるのではなく，気候によって耐寒性などが獲得されたり，文化の違いにより独自の形態が選抜されたりしたためと思われる．また，パクチョイやチンゲンサイなどは作物名なのに品種名的に'パクチョイ'や'チンゲンサイ'として市販され，品種名が記載されていないことの方が多い．しかし，同じ作物名でも種苗会社により大きく異なり，種苗会社名がほぼ品種名に匹敵するくらいであることにも研究材料として品種を書くとき注意を払わなければならない．シクラメンなど種子繁殖の花卉類で同じ品種名のものが種苗会社によって少しずつ異なることも同様である．

　品種群を代表するものが，以前とかなり異なる形態を持つ品種に変化することもある．例えば，品種群 *Brassica campestris* scv. *pekinensis* の本来の形態は，結球せず，緑黄色蔬菜なのでビタミンが多く含まれ，料理したとき見た目もきれいなサントウサイ（山東菜）で，実用的にも家庭栽培や近郊園芸として好まれていた．第二次世界大戦後は同じ系統ではあるが輸送性，貯蔵性に優れる結球性のハクサイが普及し，一般には見られなくなったのでハクサイを代表とするようになった．

　バビロフ説では栽培植物の発祥中心地には変異が大きく，中心地から離れると地域に特異的な品種群が形成されることが多いとされており，作物の栽培される地域が広がるとジーン・プールを共有しなくなり独自の変異が蓄積される．メロン *Cucumis melo* の品種は中近東を中心に国によって大きな変異が存在し，世界各地に特有の品種群を形成している．もともと乾燥地帯の植物であるメロンが世界中に伝播したのは有史以前で，長い

歴史の間に世界各地でネットメロン scv. *reticulatus,* scv. nov., 欧州キャンタロープ scv. *cantalupensis,* scv. nov., 冬メロン scv. *inodorus,* scv. nov., スネークメロン scv. *flexuosus,* scv. nov., デューダイムメロン scv. *dudaim,* scv. nov., マンゴーメロン scv. *chito,* scv. nov., マクワウリ scv. *makuwa* scv. nov., シロウリ scv. *conomon* scv. nov. など多様な品種を含む品種群が形成された．scv. は従来の var. を変えたもので，ネットメロン scv. *reticulatus* にはイギリスのマスクメロン Muskmelon とアメリカのキャンタロープ Cantaloupe の多くの品種群の，冬メロン scv. *inodorus* には 'Honey Dew' を代表とする品種群の，マクワウリ scv. *makuwa* およびシロウリ scv. *conomon* には高温多湿な東アジアで耐病性の強い品種群の発達がなされている．

　ただし，品種群の成立には，意識的あるいは無意識的に人為的な方向性の選抜が働いたことも多かったものと思われる．例えば，中国では茎を食べる文化があった．中国だけで茎を食べるレタス Stem lettus すなわちセルタス（茎チシャ）*Lactuca sativa* scv. *asparagina,* scv. nov. が発達し，中国に導入されたキャベツも葉ではなく茎を食べるカイラン（芥藍）Chinese kale の品種群が形成されていることから考慮して，中国では人為的な方向性を持って意識的あるいは無意識的に茎が太く苦みの少ない系統が選抜されたものと考えられる．この他，種子，穀物を食べる文化のあった古代エジプトではレタスも種子を食用にしていたものと考えられ，世界中には，葉を食べる文化，果物を食べる文化，根を食料とする文化，花を食べる文化，香辛作物を利用する文化など，民族や地

域によって異なる様々な文化が発達し，それに合わせて様々な作物，品種が成立した．

　種内の品種群間で交雑が容易であっても Brassica 属作物などの場合，用途の面からハクサイとカブとの間の品種群間雑種 Intersupercultivar hybrid などは作られていないと書いた．しかし，品種群間の優れた形質を組み合わせるような育種が行われている作物もある．例えば，キュウリでは，白イボで肉質に優れ味の良い華北系の品種群と黒イボで果皮が厚いので輸送性に優れる華南系の品種群間の雑種が，メロンでは，病気に強く多湿な条件下でも作りやすいマクワウリ品種群と作りにくいが香りや味の良くネットが美しく高級感のあるアールス系メロンの品種群間での雑種が，春ダイコンでは，でんぷん質で味が良く消費者には好まれるが抽苔(ちゅうだい) Bolting しやすく春には作りにくい青首の北支系品種群に属する韓国産の品種と繊維質であるが晩抽性で春でも作りやすい南支系品種群に属する'時無しダイコン'との間の品種群間雑種が，育成され，広く栽培されている．

　品種の定義が国際的（英語）にされるようになり，品種を表わす学術用語として Variety に代わり Cultivar が一般に使われるようになってからも，*Brassica campestris* var. *pekinensis* のように Cultivar と区別して Variety が品種群を表わすのに使われている．このように，品種群を表わすのに生物学的分類で変種に当たる Variety が依然として，また敢えて使われ続けているのは，品種群の概念についての考察がなされていなかったからである．これらのことを考慮して第3－1表に *Brassica* 属作物の再分類を行う．

第3－1表． *Brassica* 属作物の再分類

種の学名 　品種群学名	作物名	代表的品種名
B. campestris		
scv. pekinensis	ハクサイ	無双
scv. santoensis	サントウサイ	丸葉山東菜
scv. kantoensis	ベカナ	みなとべかな
scv. rapifera	カブ	聖護院かぶ，日野菜かぶ
scv. nozawaensis	ノザワナ	野沢菜
scv. japonica	キョウナ	白茎千筋京水菜
scv. oleifera	アブラナ	紅菜苔
scv. chinensis	タイサイ	二貫目体菜，パクチョイ，チンゲンサイ，中国菜心
scv. narinosa	ヒサゴナ	
scv. perviridis	コマツナ	小松菜，肥後京菜
scv. toona		晩生大阪白菜，広島菜
B. oleracea		
scv. capitata	キャベツ	金系201号
scv. acephala	ケール，ハボタン	
scv. botrytis	カリフラワー	バイオレット・クイン
scv. italica	ブロッコリー	
scv. gemmifera	メキャベツ	
scv. gongylodes	コールラビー	パープルバード
scv. albograbra	カイラン	白心
B. nigra	クロガラシ	
B. juncea		
scv. cernua	ハカラシナ	葉からし菜，阿蘇高菜
scv. integlifolia	タカナ	カツオナ
scv. foliosa	セリフォン	
scv. rugosa	タニクタカナ	三池高菜，紫高菜
B. napus	セイヨウナタネ	キャノーラ
B. × napus	ハクラン	
B. + napus	バイオハクラン	
B. carinata	アビシニアガラシ	
品種群間の雑種	オオサカシロナ×キサラギナ	ビタミン菜
	ブロッコリー×カイラン	スティック・セニョール

第4章　分類学的な品種の分類
Systematic Classification of Cultivars

　農業上の用語であっても品種の概念は単なる人為分類 Artificial classification として理解するのではなく，生物学的な分類階級として理解した方が合理的であることを説明した．さらに，近年の品種の育成 Breeding of cultivars では，交雑育種ではできなかった交配組み合わせが細胞融合 Cell fusion (= Protoplast fusion) により，遺伝子組み換え体 Genetically modified organism （ＧＭＯ）や形質転換体 Transformant がバイオテクノロジーによりできてきた（Arumugam ら, 2002）ので，従来と異なった品種の理解を生物学的な立場からすることも必要となってきている．例えば，これまではできなかった種間，属間雑種あるいは属より上のレベルの交雑が細胞融合や遺伝子組み換え Recombination of genes の技術でできるようになってきたし，遺伝子レベルでは動物の遺伝子でも植物の中に入れることができる．また，今後通常の細胞融合や非対称融合 Asymmetric cell fusion の個体よりさらに生存率の高いと考えられる2ｎ＋2の個体から新しい品種が育成されることも期待している．このようにして得られた種間，属間雑種起原などによる品種の理解には，生物分類学的な類縁関係の理解が必要だと思われるからで，品種の学名の付け方にも役立つと思われるからである．

品種は一般的に考えると種以下の分類階級であるが，種間雑種，属間雑種など種以上のレベルの分類階級に影響を与えるものもある．また，最近，形質転換などのバイオテクノロジーにより作られた極めて遠縁の種の遺伝子を持つものであっても後で考察するように種内品種と考えてよいものもある．そこで，用途的な分類とは別に，生物学的な分類で下記のように品種の分類を行った．

(1) 種内品種 Intraspecific cultivars

　　イ）選抜品種 Intraspecific mutational cultivars

　　　　野性種あるいは栽培種からの自然突然変異 Natural mutation 起原による内婚品種 Inbred cultivars, 枝変わり株の選抜 Bud mutation, 化学薬品処理 Chemical treatment 等による人為誘発突然変異 Artificial mutation (*In vivo*, *In vitro*) からの選抜による品種

　　ロ）変種間品種 Intervarietal cultivars

　　　　変種間の雑種起原による品種

　　ハ）種内品種群間品種 Intraspecific united supercultivars

　　　　種内で成立した品種群 Supercultivar 間の交雑による品種

　　ニ）遺伝子導入品種 Transgenic cultivars

　　　　遠縁の種間の遺伝子 Foreign exotic gene を形質転換 Transformation などの技術で有用形質を導入した品種

　　ホ）種内複合品種 Intraspecific complex cultivars

　　　　変種間品種，選抜品種および品種群間品種などの組み合わさった品種

(2) 種間品種 Interspecific cultivars

　　種間交雑 Interspecific hybridization や細胞融合 Protoplast (Cell) fusion あるいは種間雑種起原による品種

(3) 属間品種 Intergeneric cultivars
   属間交雑や細胞融合あるいは属間雑種起原による品種
(4) 種間品種群内品種 Interspecific united supercultivars
   ラン科植物に多い種間(属間)で成立した品種群間の交雑による品種
(5) 種間複合品種 Interspecific complex cultivars
   種間品種，属間品種および遺伝子導入品種などの組み合わさった品種

　ニ）遺伝子導入品種，(3) 属間品種，および (2) 種間品種の取り扱いなどについて考察する．まず，遺伝子導入品種 Transgenic cultivar は種内品種に含めた．これは，例えばタバコに *Bacillus thuringiensis* という菌の鱗翅目に対する毒性を持つ遺伝子（ＢＴ遺伝子）を導入してもその植物が虫の食害を受けないことを除いてほとんど普通のタバコと区別が付かないからである．言い換えれば，数万の単位で存在する顕花植物の遺伝子に一つの遺伝子が導入されても種名を変えるほどではないからである．ちなみにイネの全ＤＮＡの大きさは，4.3×10^8 bp（ Base pairs ）もあるのに対し，一つの遺伝子の大きさは数百から数千の塩基配列で決まる．
　非対称融合でも同様である．非対称融合でできた植物とは，放射線照射などにより不活化した核を持つプロトプラスト Protoplast と正常なプロトプラストを融合したり，サイトプラストとプロトプラストを融合したりして，細胞質だけを添加した植物である．細胞質に含まれる遺伝子は葉緑体 Chroloplast，ミトコンドリアおよびプラスミッド Plasmid に存在する．しかし，その中で最も

大きな葉緑体でも 300kbp, 遺伝子の数にしても約 100 位のもので核の遺伝子数に比べると極めて少ない. したがって, 非対称融合などでできた'種間雑種'の種名は核を主に支配する方の種で表すべきである. 多くの場合, 得られた'雑種'核を支配する種と交雑親和性が高く, このことからも種名は雑種としない.

雑種から種への復帰 Recovery of species

連続戻し交配 Continuous backcrossing による浸透交雑 Introgression については, 特に説明を要する. 浸透交雑は, F_1 雑種とどちらか一つの親との間で繰り返し行われる戻し交配により片方の親の遺伝子が浸透するように導入される機構で, Anderson (1949) によりアヤメ *Iris* 属などで見いだされ, その過程が生物, 特に植物の進化に大きな役割を果たした可能性が考えられた. しかし, その後, フラボノイドなどを用いた Chemotaxonomy 的手法などにより多くの研究がなされた結果 (Harborne, 1967), 自然界におけるその明らかな役割は見い出せなかったとされている. 一方, 浸透交雑は後で述べるように植物品種の起原に大きな役割を果たしただけでなく, 耐病性育種などに用いられている.

種間の F_1 雑種は, 一般に両親の中間の形質を示し, 自然界, すなわち人為的交雑をしない場合でも自殖はあまり行われず, 最初に戻し交配をした種と繰り返し戻し交配することが多い. 野生では, 自家不和合性などにより 1 個体しかできなかった F_1 個体は自殖率が低く, F_2 はできにくいのに対し, 親同士では交雑の困難な組み合せでも雑種は両親の種と比較的容易に交雑する場合がある

からである．しかも，一度戻し交配が行われると自然条件でも両親の種間の生態的隔離，生殖的隔離がもう片方の親との間に強く働くようになり，戻し交配を行った方の親 Recurrent parent とだけ戻し交配が繰り返されることが多い．

　人為的な育種においても少数の特定の形質，例えば，耐病性に注目して，選抜をしながらの一方方向の戻し交配が行われることが多い．例えば野生種から耐病性を導入する育種においても，F_1には野生種ではなく栽培種を用いて戻し交配を繰り返すことが行われる．種の定義から考えて戻し交配を行った方の親種と生殖的隔離がなくなり，もう一方の親種との間で強くなれば種間品種，属間品種から外すべきで，実用的に考えて約90％以上の遺伝子を占めるようになればその種の種内品種として扱うことを提案する．戻し交配を何度行っても雑種起原と言い続けることに合理性がないことから，その境の基準を作る必要が考えられた．

　ここでは，連続戻し交配が行われた時の遺伝子の流れを二倍体同士の時および二倍体と六倍体間で雑種が生じた時に分けて示す．まず，二倍体で，すべての遺伝子がリンケージせず，独立して働いた時の戻し交配に用いた親の遺伝子の割合をＢＣn％で示す．F_1％は50％である．

$$BCn\% = (1 - (1/2)^{n+1}) \times 100\ \%$$

であるので，ＢＣ$_1$％＝75％，ＢＣ$_2$％＝87.5％，ＢＣ$_3$％＝93.75％となる．このように戻し交配を3回も行えば種名は戻し交配をした種に戻してよいものとする．例えば野生のトマト *Solanum lycopersicum* (= *Lycopersicon esculentum*)にトマト属の野生種 S. *pimpinellifolium* (= *L. pimpinellifolium*) の有用遺伝子を導入するため交配を行った時，F_1 は *Solanum lycopersicum* × *S. pimpinellifolium* で表わすが，トマトとの戻し交配を3度もすると稔性も回復し，トマトに形質的にも近いものになるので種名はトマトであり，雑種起原という必要もない．

　すべての遺伝子が完全に独立しているのであれば，遺伝子の数は数万の単位であると考えられており，確率の問題であるのでＢＣn％の数字は，ほぼ正しいはずである．しかし，遺伝子の分離を考える時に気をつけなければならないことは，遺伝子が単独では行動しないということである．実際は遺伝子が染色体上に乗っているので，遺伝子は染色体単位で行動し，単独で独立して行動しないし，各染色体に乗っている遺伝子の数も異なる．言い換えれば，独立の法則が成立するのは遺伝子が同じ染色体の上に乗っていないときであり，普通は一つの染色体の上に 10^3 以上の単位の遺伝子が連鎖して，遺伝子は体細胞染色体数の半分の数のリンケージグループを作る．したがって，実際の遺伝子の回収率を計算できれば，上で計算したＢＣn％の理論値には歪みがあるものと考えられる．ただし，染色体は減数分裂時に数回の乗り換え Crossing-over が生じ，キアズマ Chiasma を作るので，ＢＣn％の理論値に近づく方向で若干の修正が加えられることも考慮に入れなければならない．

　次に，同属内の種で，二倍体以外の倍数体の種がある場合を以下に示す．二倍体種の種内変異 Intraspecific variation としては同質三倍体や四倍体の方が同質六倍体

より多いが，ブルーベリー，サツマイモ，あるいはツバキ属など自然界で安定した種としては二倍体に次いで四倍体よりむしろ六倍体の方が多い．ここでは六倍体の種と二倍体の種が交雑し，それに二倍体および六倍体の種がそれぞれ連続戻し交配した場合でＢＣn％を考える．

二倍体の種から見て四倍体のＦ$_1$％は25％で，二倍体の種を戻し交配した時，三倍体のＢＣ$_1$％は50％，三倍体に二倍体をかけた時に二倍体の個体が得られることがあり，この二倍体の方が三倍体より稔性が高く，子孫を残す確率が高いのでＢＣ$_2$％以降は二倍体として考えると，

$$ＢＣn\% = (1 - (1/2)^n) \times 100\%$$

であるので，ＢＣ$_2$％＝75％，ＢＣ$_3$％＝87.5％，ＢＣ$_4$％＝93.75％となる．このように戻し交配をした種に戻るのには戻し交配を4回以上したものとする．ただし，一般に三倍体には稔性が低いものが多く，これが種を分ける強い生殖的バリアになることが多い．

六倍体の種から見て四倍体のＦ$_1$％は75％で，六倍体の種を戻し交配した時，五倍体のＢＣ$_1$％はちょうど90％，ＢＣ$_2$％は95.5％となる．ただし，ＢＣ$_2$は異数体Aneuploidで，その後は稔性の高い六倍体に比較的早く落ち着くものと思われる．一般に奇数倍数体であっても高次倍数体の五倍体は三倍体のような生殖的バリアにならないことが多く，六倍体の親種と戻し交配を続ける．前述のように遺伝子はリンケージして染色体単位で行動するためＢＣn％には歪みが考えられるので，戻し交配をした種に戻るのには安全をとって戻し交配を2回以上したものとする．

著者の研究例（1988b）で，六倍体（$2n=6X=90$）のサザンカ Camellia sasanqua Thunb. と二倍体（$2n=2X=30$）のヤブツバキ C. japonica L. 間で，ヤブツバキには雑種起原のハルサザンカ（第7章）を経由してサザンカの遺伝子は入らないのに対し，サザンカにはヤブツバキの花に見られる赤い色素（主にシアニジン3モノグルコサイド）などが浸透交雑している．また，F_1 雑種と推定された'凱旋'はヤブツバキよりサザンカに近い形質を示し，自然交配で種子のできることもあった．その実生の染色体数を調べたところ，三倍体と五倍体が混在し，それぞれヤブツバキ，サザンカと戻し交雑したものと考えられた．ハルサザンカの三倍体は結実することがほとんどなかったのに対し，五倍体の品種'望郷'にも自然結実が見られ，それらの染色体数は $2n=80～85$ の異数体で，反復親 Recurrent parent のサザンカが2度目の戻し交雑を行ったものと考えられ，自殖やヤブツバキとの戻し交雑したと思われるものは全く見られなかった．また，五倍体品種は，紅花であることや開花期がサザンカより遅くまであることなどの知識がないと長年研究をしてきた著者でもそれ以外の形態的な特徴だけから判断するとハルサザンカではなくサザンカと同定するのではないかと思われるほどサザンカに酷似する．したがって，二倍体間の戻し交配では第4代目から，二倍体と六倍体の雑種に六倍体を戻し交配したものでは第2代目から六倍体の反復親と同じ種名を付け，五倍体までは種間あるいは属間品種と同じ方法で種名を表わすこととする．

第5章　生殖的隔離
Reproductive Isolation

　第1章で，人為的隔離 Artificial isolation という視点を加えて変種の概念，定義を，「主に地理的，あるいは人為的に隔離が働き，基本種と区別ができる種内の分類的群」とし，第2章では生物学的な品種の概念を「変種の中で人為的な隔離により形態的，生態的な特徴を維持しているもの」とした．

　隔離とは，進化，すなわち種が分かれて行く際の第一歩で，ダーウィン Charles R. Darwin（1809〜1882）はガラパゴス諸島で島ごとに種が異なる要因に海による地理的隔離が働いたと考えた．その後，隔離については，生態的，季節的，機械的 Mechanical，生殖的など数種類の隔離があることが考えられている．ただ，それらの中で地理的隔離は種分化の最初にあると考えられ，また大きな役割を果たしていると考えられている．一般には，海などにより種の分布が分断され，交雑集団としてジーン・プールを共有できなくなることが種分化の最初で，変異が蓄積し，同所的に植えられても交雑できないような生殖的隔離ができたとき別種とされると考えられてきた．生殖的隔離は二つの生物群が異なった種と見なす目安になる．すなわち，変異が蓄積し，区別はできるが生殖的隔離が働かない段階の二つ以上の集団を変種，生殖的隔離がかなり強く働くが F_1 はできる段階の集団

を別種，完全に生殖的隔離が働き交雑がまったくできなくなった段階の二つ以上の群を別属，として扱うと考えると分かりやすい．ガラパゴス諸島や日本のような島国では説得力もあり，説明しやすいので広く認められている．

　反対に，隔離のない状態での変異の蓄積がクラインCline, すなわち連続し傾きのある変異，である．区切られた小さな集団で生じる突然変異より大きな集団で生じる変異の方が多いので，小さな島などで変異の蓄積が進むと考えるより大陸のような大きな集団で大進化が進むと考えた方が自然である．しかし，大陸に広い範囲で自生する種にはクラインがあり，変種としてさえ区別しにくいものが多い．例えばブナ科でミズナラの仲間である *Quercus alba* は，北アメリカの東部に広く分布し，離れたところにある典型的なものでは種内に変異があり，それを区別できる．しかし，陸が繋がっており変異が連続していて境がなく，ジーン・プールを共有するので変種として区別しにくい．このクラインは日本でも高山にあるマイヅルソウなどで見られるという．このように隔離が働いていない状態では変種分化，さらに種分化は起こりにくい．

　地理的隔離などによる変異の蓄積ではランダム・ドリフト程度で方向性のない小進化しかしていないように思われる．実際，被子植物 Angiospermae のほとんどの科，多くの属は，6500 万年前に始まった新生代 Cenozoic の初期である第 3 紀 Tertiary に成立していたことを考えると，その後の進化はその期間の長さの割に小さいように思える．東アジアとアメリカ東海岸は大陸が分かれて長

い時間が経つのに，驚くほど類似した同属の種 Species pair が多く自生することが知られているからである．後述する Clifford R. Parks 博士は，モクレン *Magnolia* 属，ユリノキ *Liriodendron* 属，フウノキ *Liquidambar* 属などそのような第3紀周極要素 Elements of Arcto-Tertiary origin すなわち第3紀起原温帯植物群の研究者で，東アジアとアメリカ東海岸における種の類似性を色素やアイソザイムを用いて研究していた．例えば，ユリノキ *L. tulipifera* はアメリカ東海岸に広く分布し，大きな種内変異を持っているのに対して，シナユリノキ *L. chinense* は中国の数カ所の小さな集団として隔離され，集団間にはアイソザイム変異があるが，集団内ではアイソザイム遺伝子などでホモ化が進んでいることを明らかにした．両種は交雑が可能で形態的にもよく似ている．このように環境の大きな変動がなければ大陸移動という地理的隔離が働いても進化はそれほど進まない．

さらに，それ以前に成立した藍藻 Cyanobacteria，緑藻 Chlorophyta，紅藻類 Rhodophyta，コケ植物 Bryophyta，シダ植物 Pteridophyta，裸子植物 Gymnospermae など大きな進化をしないまま現存している種も多い．大進化は，厳しい種間，あるいは種内競争を避け，競争は少ないがそれまでとは違った過酷な環境であった新しい生態的適環境 Niche へ分布を広げる時に比較的急速に起きた．水から陸地へ，乾燥地帯へは藻類からコケ植物，シダ植物，種子植物へ，体の構造の大変革を必要としたし，厳しい環境への積極的な進出に伴って新しい形質を獲得した種，進化に成功した種には繁栄の地が与えられ，さらに進化を遂げていった．

著者は，種分化の引き金として地理的隔離より生殖的隔離の方が大きな役割を果たしている場合も多いと思っている．生殖的隔離はさらに細かく分けられ，求愛行動をする動物としない植物との間，異なる言語や文化を持つヒトと持たない他の動物との間でその機構は大きく異なるので，ここでは隔離と変種さらには種の分化について植物の進化に限って考察する．著者は，沖縄県西表島におけるラン科植物やシダ植物の保全や園芸的利用について研究を行っており，野生種の中に同属の近縁種が混生していることに興味を持って観察している．シュスラン属のヤブミョウガラン *Goodyera fumata* とナンバンキンギンソウ *G. rubicunda*，ヘツカシダ *Bolbitis subcordata* とオオヘツカシダ *B. heteroclita*，コウモリシダ *Thelypteris triphylla* とオオコウモリシダ *T. liukiuensis* などは，同属の種の中でも近縁性は強い．近縁種は自生する生態的適環境が同じなので混生していることは理解できる．また，以前から言われているように同所的な種は異所的 Allopatric な種より生殖的な隔離が強く，これが種の独立性を維持できる機構であることが知られている．しかし，そのような近縁種が成立したのは，地理的隔離が働き，変種の蓄積の中で生殖的隔離が生まれ，地理的隔離がなくなって，同所的に生育しても雑種を作らない，あるいは雑種が生き残れないためとは考えにくい．著者は，反対に生殖的な隔離が先にでき，そのため同所的であってもジーン・プールを共有できないのでランダム・ドリフトによる変異が変種あるいは種の違いとして進化した時の方が多いと思っている．例えば，二倍体の種から生じた同質四倍体や六倍体，あるいは一度成立し

変種の概念の誤解から生じる同定の間違い例

　（その1）園芸植物，特にラン科植物や観葉植物は品種的に学名を用いることが多いが，単なる同定の間違いだけではなく変種の概念を理解していないことによる間違いも多い．沖縄に多く，編目模様がはっきりとしたカゴメラン *Goodyera hachijoensis* Yatabe var. *matsumurana* (Schltr.) Ohwi は，模様の中央部が擦り消されたような本種のハチジョウシュスラン *G. hachijoensis* Yatabe と区別される．前述のように地理的な隔離により変異が蓄積されていることが変種の条件で，ハチジョウシュスラン・タイプが自生する東京都八丈島とカゴメラン・タイプが自生する沖縄は地理的に隔離されているので明らかな違いが見られるのであれば異なる進化を始めているので変種として分類されるのは正しい．しかし，沖縄の自生地では両方のタイプが混在していることが多く，一方をハチジョウシュスランとして区別することは間違っている．隔離が働いていない集団内の二つの変異は変種の違いではないからある．沖縄にカゴメラン・タイプに混じって存在するハチジョウシュスラン・タイプのものも実生で増えた種内変異に過ぎないのでカゴメランと同定すべきである．

　（その2）オオタニワタリの仲間の分類も疑問に思う．日本には九州本土にあるオオタニワタリ *Asplenium antiquum* Makino の他にシマオオタニワタリ *A. nidus* L. とリュウキュウトリノスシダ（＝ゴウシュウタニワタリ）*A. australasicum* (J. Sm.) Hook. の3種が知られている．しかし，西表島にあるリュウキュウトリノスシダには種内変異が大きく，図鑑を使って検索したのではオオタニワタリやシマオオタニワタリの変異を含んでいる．確かに典型的な三つのグループは区別ができ，地理的に隔離されている．同所的に存在した場合に生殖隔離があるかどうかの研究が必要で，ＤＮＡレベルでの遺伝的な変異の蓄積も考慮する必要がある．これらの3種は，種内の変種レベルの違いに過ぎない気がしている．

　（その3）屋久島にあるリンゴツバキ *Camellia japonica* L. var. *macrocarpa* Masam. は果実の大きさだけでなく，本種のヤブツバキ *C. japonica* L. と異なる点も多い．ヤブツバキは三つの心皮が合生し，各心皮の中には胚珠が四つずつ入っているが，実際に

> は各果実に3個ほどの種子しか九州産では入っていない．それに対し，屋久島のリンゴツバキの果実は大きいが，種子は九州本島にあるヤブツバキより小さく，10個ほどと数も多いなど変異の蓄積がある．九州本島のヤブツバキの集団内にある果実の大きな個体を変種のリンゴツバキとして区別することは，変種の持つ地理的な隔離の理解の欠如から来る間違いである．

た異質二倍体から比較的高頻度で生じる稔性のある複二倍体（実際は四倍体）は，親の二倍体との間に生殖的隔離が働く．このような生殖的隔離の方が，地理的隔離より変種や種分化の引き金となることが多いのではないかと思う．

　一方，著者らは，レタス *Lactuca sativa* とその近縁野生種である *L. saligna* 間の染色体の大きさに違いがあることに気付いた．これは，他の属でもよく見られる現象で，属内の種間で染色体数が同じでも染色体の大きさが異なることがよく見られる．1本の染色体が大きいだけなら単なる突然変異によるものと考えられるが，9本の染色体すべてが *L. saligna* とレタス間で大きく異なることの説明にはならない．顕微鏡で染色体を見始めた頃は，染色体の大きさは，コルヒチン Colchicine や 8-hydroxyquinoline の前処理で小さくして見るので，種間で染色体の大きさが異なるのはそのためかとも考えていた．しかし，フローサイトメーター Flowcytometer という相対ＤＮＡ量を測定する機械で調べても同様であった．また，肥後ツバキなどでも同じ染色体数，すなわち倍数性を持つ品種間に大きな相対ＤＮＡ量の違いが見られた．これらのことは，種の分化に，言い換えれば種の分化の引き金になるのではないかと著者が考えている生

殖的隔離に，染色体数の変化を伴わないが実質的に倍加した二倍体の存在を示唆した．すなわち，減数分裂時に対合した相同染色体 Homologous chromosome が一本の染色体を形成することが植物の種ではある程度の頻度で機構的に起きる可能性を考えた．キク科とツバキ科など遠縁の属で観察されたからである．このようにして突然変異で得られた集団内の個体間に生殖的隔離が生まれると地理的隔離で考えられていることと同様に種分化の引き金になると考えた．このような機構により劇的な変化が起こり，種が分化する可能性を考えると，いろいろな属に含まれる種間で染色体の大きさが異なることの説明が付く．植物では二倍体から三倍体間の異数体の生存率が極めて低いのに対し，遺伝子のバランスの良い三倍体や四倍体など正倍数体は生存率が高いからで，染色体数の変わらない仮想倍数体が生まれる可能性を想像させた．染色体数が倍になる同質四倍体 Autotetraploid という用語はあっても，このような仮想倍数体を表わす用語がないので，造語として新たに倍加二倍体 Tetradiploid と呼ぶことにする．そのことにより元の集団と生殖的隔離が生じ，その後の独自の進化の中で，重複する必要性のない遺伝子の多くが欠落したり，突然変異を起こしたりして倍数性などによる大きさ以外の区別が付くようになり，種が成立したと考えた．

　実験的にこの証明は困難であるが，同属の近縁種で混生する種の染色体数を調べ，同じ数である場合，いろいろな属でＤＮＡの大きさが大きく異なるかどうかを調べるとその可能性の傍証になるものと思われる．同所的に自生する前述のヘツカシダとオオヘツカシダ，コウモリ

シダとオオコウモリシダ，ヤブミョウガランとナンバンキンギンソウなどは，混生していることが多く種内の変異ではないかと思われるほど互いによく似ている．それらのものが種として存在しているのであれば強い生殖的隔離が働いているに違いない．特に植物の倍数体は大きくなる傾向があるので，混生している近縁種の大きさが特に異なっている時には，倍加二倍体による種分化の傍証になることは言うまでもない．

　倍数性の違いの他にも生殖的隔離についてはいくつかの機構，段階があるので説明する．属内では，基本的に交雑ができ，その中で種内の変種間では雑種の稔性や生存率が高く，属内の異種間では低い．この低さは，同じ属内でもより近縁な種間，例えば同節の種間の雑種では遠縁の種間より低くない．同属内でも近縁から遠縁の種間へ交雑親和性で類縁関係を並べると一般に（1）F_1雑種は比較的健全でF_2を残すことはできるがF_2の生育が悪い時，（2）F_1雑種は比較的健全であるがF_2を残すことができない時，（3）相反交雑ができてもF_1雑種の生育が悪い時，（4）どちらかの種を種子親にした場合にだけ交雑ができる時，（5）雑種が全くできない時，となる．ただし，例外も多く，ラン科植物では種間でも無菌播種をすることにより子孫を残すことができる場合やF_2の生育が悪くても戻し交配などその後の世代で稔性が回復する場合も多い．さらにそれぞれの段階で類縁関係の近さにより交雑親和性は異なる．例えば，属内の種間でF_1雑種は両親が稔性のある種で正常な減数分裂をするのであれば染色体はバランスの良い二つのゲノムを持つので比較的健全な場合が多いが，染色

体が同祖染色体であっても相同染色体でなくなっている時（2）のF_2を残すことができない時を細分化すると，（2-1）染色体のゲノムが異なる時，すなわち減数分裂で一価染色体が見られるなど染色体の対合に異常のある時，あるいは卵や花粉の稔性が低く種子を全く作ることができない時，（2-2）同祖染色体の組み合わせが比較的良く，F_2種子が低頻度で得られても，発芽できない，発芽しても苗の段階で枯死する，あるいはF_2が花を咲かせても異常な花で稔性が全くない時，（2-3）種間で核とミトコンドリアの遺伝子の相性が悪い場合に雄性不稔が起こる時，が考えられる．次に（3）の場合を細分化すると，（3-1）F_1の生育が不良である時，（3-2）F_1に開花が見られ受精が行われても，胚の発達が悪く，胚培養，胚珠培養などをしないとF_2が残せない時．（3-3）花粉を着けても花粉管が伸びない，あるいは受精が行われない時，が考えられ，さらに（5）は（5-1）相反交雑の両方ができなくても細胞融合で雑種はできる時と（5-2）細胞融合などでも雑種ができない時，に分けられる．

　このような生殖的隔離の生じる機構について長い間考えてきた．DNA情報の複製，伝達である「遺伝」と稀に生ずる突然変異による「進化」は，相反する現象で，両方とも生命の存在に欠かせないものである．言葉を換えれば，「遺伝という種の安定性」と「環境変化に対する適応性や新しい環境に対する開拓性を生み出す進化という不安定性」の上に生命現象は成り立っている．これら二つの生命現象はいずれも染色体上の遺伝子に起因しているので種の違いであるか，種内の変異であるかの境

界も染色体での遺伝子の行動を考えて考察すると理解しやすい．

　生命を維持するために最低限必要な遺伝子は欠落すると致死的に働くことは容易に説明がつく．例えば，酸素呼吸を行う生物全般に必要なＴＣＡサイクル（＝クエン酸回路 Citric acid cycle）の酵素を作る遺伝子は，欠落するとその個体は生きていけない．したがって，酵素は１酵素１遺伝子であること，ＤＮＡ分析よりも優れた点として対立遺伝子が識別しやすいこと，共優性でヘテロの個体が容易に識別できることなどの他，ＴＣＡサイクルに関係するアイソザイム Isozyme，特にその中でも対立遺伝子関係にあるアロザイム Allozyme は，欠落すると致死的に働くので複数の遺伝子座に存在することなどの理由で遺伝子分析によく用いられる．ＦＥＳＴ（Flourescent esterase），ＴＰＩ（Triosephosphate isomerase），ＡＤＨ（Alcohol dehydrogenase），ＧＯＴ（Glutamate oxaloacetate transaminase），ＰＧＩ（Phosphoglucose isomerase），ＰＧＭ（Phosphoglucomutase），ＭＤＨ（Malate dehydrogenase），６-ＰＧＤ（6-Phosphogluconate dehydrogenase），ＤＩＡ（Diaphorase），ＳＡＤＨ（Shikimic acid dehydrogenase），ＩＤＨ（Isocitrate dehydrogenase），ＧＤＨ（Glutamate dehydrogenase）などである．

　これまで著者らはレタス *Lactuca sativa* とレタスの近縁種である *L. saligna* 間で交雑育種を行い，F_2 世代あるいは戻し交配世代でいくつかのＴＣＡサイクルに関係する酵素を調べ，アロザイム分析を行った．*L. saligna* とレタス間の雑種第一代 F_1 の減数分裂において，多くの二価染色体 Bivalent と共に，ある程度の割合で一価染色体

Univalent を観察した．この結果は，F_2 世代に正倍数体以外の異数体の存在の可能性を示唆するものであった．しかし，実際には雑種第二代（F_2）において 15％前後の高い頻度で正三倍体と数個体の正四倍体を得，異数体は観察されなかった．このことは花粉の受精能力の差によるものと考えられた．すなわち，L. saligna のゲノムをＧＧ，レタスのゲノムをＬＬとした時，F_1 はすべてＬＧで，この花粉母細胞の減数分裂において一価染色体が現れたことは，ＬとＧ間で同祖染色体間の相同性が低いことを意味する．染色体数は両種とも n = X = 9 なので平均的な分配が行われたＧおよびＬゲノムを半分ずつ持つ一倍性花粉以外にＧあるいはＬゲノムに偏った一倍性花粉を 1/512 の割合で作る（$512 = 2^9$）．また，数本のどちらかのゲノム由来の染色体が加わった異数性の花粉だけでなく，ＬＧの二倍性花粉ができる．異数体はまったく観察されず，二倍体の他に正三倍体と正四倍体が得られたことから，正常な受精能力を有すると考えられるのは，一倍性配偶体とＬＧの二倍性配偶体であった．また，F_2 世代のアイソザイム分析の結果，得られた三倍体は，五つのアイソザイム遺伝子座のすべてにおいて L. saligna 側に歪んでいたこと，核型分析で三倍体の個体では，染色体の特徴から L. saligna 型の染色体が多く含まれていたことなどから総合的に判断してＧおよびＬゲノムの混在した花粉や異数性の花粉は，n 世代である花粉への発達，稔性，花粉管の伸長など受精競争において選択的に排除されたと考えられた．すなわち，L. saligna のゲノムが揃うような配偶子が低頻度で生じ，それが選択的に生き残り子孫を残したためと考えられ

た．また，正倍数体が多かったことも一般に一価染色体が見られる時，減数分裂の四分子期に二分子を形成するものが多く見られ，それが発達した花粉では巨大花粉の頻度がさらに高まる（Takamura and Miyajima, 2002）ことなどから，ＬＧの二倍性花粉の生存率が高かったためと考えると理解できる．コムギ *Triticum aestivum* でもゲノムが完全な花粉の方がそうでない花粉より受精能力が高いことが知られている（村松幹夫, 1987）．また，Shigyoら（1999）はネギ *Allium fistulosum* とシャロット *A. cepa* の異種染色体添加系統において，異種染色体を持った花粉の出現率と，その雄性伝達率を比較した時，雄性伝達率の方が低かったと報告している．

　アロザイム遺伝子は共優性なので二つの遺伝子座をそれぞれホモで持ち，種間で異なるレタスの *ll/ll* と *L. saligna* の *gg/gg* を交雑してＦ$_1$で *lg/lg×lg/lg* を得，Ｆ$_2$世代における遺伝子の分離を見た．多くの遺伝子座でＦ$_2$世代では *ll/ll : ll/lg : ll/gg : lg/ll : lg/lg : lg/gg : gg/ll : gg/lg : gg/gg* が理論値の１：２：１：２：４：２：１：２：１に近い個体数の分離が見られたが，二つのうち一つの遺伝子座にＧＯＴ－１遺伝子座を含んでいる時７：４：０：６：15：１：２：８：７のような個体数の分離が見られ，カイ二乗（χ^2）検定で 19.36，Ｐで 0.013 となり，Ｐ＜0.05 で理論値に対する適合が棄却された．このように，ＧＯＴ－１遺伝子座を含んだ遺伝子の分離に歪みが見られ，歪みの原因はこの酵素の遺伝子，あるいはその近くにある遺伝子（連鎖している遺伝子）が致死的に働いた結果と考えた．*L. saligna* は，レタスと同じ節の種でレタスを種子親にした時少しだけ交雑ができ，低

頻度でＦ₂を得ることはできる．しかし，Ｆ₂の生育が悪く，ＧＯＴアロザイムの分離に歪みが見られたのである．これらの中に生殖的隔離のヒントがあり，変種の違いから種の違いへと進化した段階を考察するヒントが見えたので種について生殖的隔離の観点から考えてみる．

　淘汰を受けて生き残ってきたすべての現存する生物の遺伝子は，基本的に優れた遺伝子で，突然変異で新たに生まれた遺伝子がそれまでの遺伝子より優れている確立は一般的に小さい．そのような突然変異で生じた多くの劣悪な遺伝子は，普通，対立遺伝子の一つで生ずるので，元の正常な遺伝子と共存するヘテロの状態で存在し，種内で増えていく可能性は大きくないが，必ずしも致死的な淘汰を受けない．進化した遺伝子の数の多い生物では，多くの突然変異，表現を変えると種内変異を含む．その種内変異が異なる環境へ進出したとき選抜される材料として提供され，より早い進化，適応能力となる．このように，種内のジーン・プールの中に適当な選抜を受けながらも突然変異が残り，種が生き残るための遺伝子の財産となることができる．

　ヘテロであることにより選抜の対象にならないとしてもＴＣＡサイクルの酵素を作る遺伝子はホモで欠落すると致死的になり，その遺伝子は無条件に淘汰されるであろう．Ｆ₂世代あるいは戻し交配世代でＧＯＴアイソザイムの分離に歪みが見られたのは，このためかも知れない．

　二つの種が何らかの隔離を受けて独自の進化をすると言うのは突然変異が蓄積していることでもある．その突然変異が，ＤＮＡで見られる点突然変異 Point mutation

であれば対立遺伝子ができるだけで，それほど致命的な劣悪遺伝子でなかったならば適当な選抜を受けながらも種内のジーン・プールの中に複対立遺伝子が多く残ることは種として好ましいことである．二つのジーン・プールを共有しないグループ間に異なる複対立遺伝子が増えることは，その二つの遺伝子の変異が蓄積されるだけで，何らかの区別の付く二つのグループの個体が同所的に遭遇する機会があっても生殖的隔離にはならないものと思われる．この段階の突然変異の蓄積は変種の違いのレベルと考える．

　一方，ＤＮＡで見られる転座 Translocation だけでなく，欠落 Lack，逆転 Reversion and Inversion などの広い意味での転座に値すると思われる種間の違いも長い間の突然変異によるもので，種内の相同染色体間では対立遺伝子あるいは同じ遺伝子を持つ遺伝子座の存在が，それぞれ成立していても種間で見ると転座のため遺伝子座がなくなっていることがある．二つの種の染色体が染色体内の転座あるいは染色体間の転座が生じることにより，遺伝子座が移動して，あるいは無くなって，同祖染色体 Homoeologous chromosome，すなわち，もともと相同染色体 Homologous chromosome であったものの間に相同性が無くなったためである．ＧＯＴアロザイムの分離に歪みが見られたのは，レタスと $L.\ saligna$ のもともと対立遺伝子であったＧＯＴアロザイムの遺伝子が異なる染色体上あるいは同じ染色体の極端に異なる位置にある遺伝子座に移動したため，F_1 では一組ずつの両種の遺伝子を持ち，生存に問題はないとしても F_2 でＧＯＴアロザイム遺伝子を持たない組み合わせの個体がある確立で

現れ，致死的になるため他の遺伝子と組み合わせた遺伝子の分離に歪みが生じたと考えれば納得できる．

　突然変異が染色体間の転座などの場合，対立遺伝子の関係が無くなるので，単なる転座でその遺伝子が欠落するような突然変異でなかったとしても元の種との雑種の子孫において欠落遺伝子 Null gene を生じることが考えられる．したがって，通常，自然界で生ずる染色体間の転座のような大きな突然変異は，雑種の後代において，多くの場合致死的になり，生命現象としての安定性を壊さない程度の変異しか生き残っていけないであろう．ただ，隔離により生殖集団として別れた後，長い年月をかけて突然変異が蓄積し，遺伝子間に対立遺伝子の関係が無くなるものが多くなるとグループ間で F_1 は残せても，染色体の対合などに異常が多くなり，その後の子孫が残せ無くなる．生殖的隔離が確立したこの段階が変種と種の境で，種の進化は長い年月の突然変異の蓄積と選抜の結果と考える．

　ツバキ Camellia 属内の例で考察してみよう．ツバキ属は Chang(1981) によると中国南部を中心に 19 節，約 210 種が知られている．ここでは，ヤブツバキを中心にユキツバキ，セッコウベニバナユチャ（浙江紅花油茶）C. chekiangoleosa，トウツバキ C. reticulata Lindley，サザンカ，およびチャ C. sinensis L. について考察する．これらの中でユキツバキはヤブツバキと同種にされることも多く，最も類縁関係は近い．ユキツバキは，発見当時はヤブツバキと比較して花がやや小型で平開咲き，雄蕊の合生部分が少ない，などの形態的な違いからヤブツバキと別種 C. rusticana Honda 扱いされたり，変種 C.

japonica var. *decumbens* Sugimoto 扱いされたりしていたが，自生地での自然交雑（ユキバタツバキ）や人為的雑種の減数分裂時における染色体の対合の正常性から同種内の亜種 *C. japonica* subsp. *rusticana*（Honda）Kitamura として分けられている．しかし，一般に生物分類学的に明らかな別種でも減数分裂で弱い二価染色体を作ることが多く，これは染色体間の部分相同性によるものと考えられている．弱い二価染色体を形成するF_1雑種で，たまに一価染色体を形成するものでは花粉稔性などが低い時が多く，種子の形成率も低い．変種としてよいのか，種としてよいのか分かりにくい中間的なものも植物には多い．中間的なものとは生殖的隔離が減数分裂によるゲノム分析で正常であってもF_1雑種やF_2雑種の生命力に完全な同種とは異なる弱勢化が見られるものである．ユキツバキとヤブツバキとの雑種と言われるユキバタツバキの生存能力を総合的に考えて，また，ツバキ属植物での一般的な種間の違いより，形態的にも，あるいは目に見えないアイソザイムなどの遺伝的違いの蓄積を考えても，両種間にはそれなりに大きな差があるように思える．次に，セッコウベニバナユチャは，中国の浙江省に自生し，ヤブツバキと同じ *Camellia* 節内の Luciddissima 亜節に属する種で，形態的にはヤブツバキより花や葉が厚くて大きいなど簡単に区別ができ，明らかな別種とされているが，交雑は比較的に容易である．中国を代表する八重のボタン咲きで大輪の品種群のトウツバキと同じ六倍体で，今では同種と考えられている一重咲きの野生種 *C. pitardii* var. *yunnanica* を用いて交配した時，ヤブツバキと同じ *Camellia* 節に属しているが，ヤブツバキに

トウツバキの花粉を交配した時だけ種子ができ，相反交雑のトウツバキにヤブツバキの花粉を交配した時には果実を着けるが種子が発達しない単為結果 Parthenocarpy となることが多い．サザンカは，ヤブツバキと同じ亜属内であるが異なる節 Paracamellia に属し，秋咲きで白花，平開咲きの花を咲かせるなど形態的にも大きく異なる．ヤブツバキとでは，2,000 花交配をして三つの果実しか得られなかった．さらにチャは，飲料用として古くから広く栽培されている作物で，形態的にはヤブツバキと大きく異なり，明らかな花柄を持つことで区別される Thea 亜属に属する．交雑は，多くの研究者が多くの交雑を行っており，数株の雑種個体 hybrid ができているが，極めて困難である．

　第 1 章で交雑親和性は必ずしも系統樹と一致しない例を紹介したが，一般的に言えばこのように生物学的にあるいは形態的に種の類縁関係が離れると生殖的隔離が強くなる傾向がある．類縁関係を知ることにより，種間雑種起源の品種の育成方法，維持方法が異なってくる．自然界において種の独立性を保っている生殖的隔離は品種の成立にとって致命的な障害ではない．ある程度遠縁の時に雑種強勢が見られる種内の品種と異なって，種間雑種では何らかの弱勢化が見られるが，選抜や戻し交配をすれば稔性が回復することが多い．この場合でも生物学的には生殖的隔離が働いていると考えられ，別種と考えてよい．また，こうして生まれた変異の拡大は大きく，近縁の変種や種が品種群の成立，品種の成立に貢献した．

　その他，生態的，季節的，機械的隔離などは，品種の成立のための，あるいは品種の維持のための隔離の機構

と直接関係していないので，ここでは詳述しない．生物学者がこれまで正確に考察したとは思われない人為的隔離については，第3章で詳述した．

第6章　生物学的分類と人為分類
Plant Systematics and Artificial Classification

　品種分類は，人為分類の一つでもあるが，一般の人為分類とは概念が大きく異なり，生物学的分類も考慮して品種の定義を行った．この章では，品種名を学名として記載する分類体系として，新エングラー体系（Engler, 1964）からマバリー体系（Mabberley, 2008）まで，また，生物学的分類（自然分類に近い）と人為分類を体系的に考察する．

　生物学的分類を知ることは，蔬菜を葉茎菜類，根菜類，果菜類などと人為分類をするより接ぎ木親和性 Grafting compatibility あるいは交雑親和性 Crossing compatibility, 病害虫と寄主 Host plant の関係などを理解するのには便利である．系統樹に従った分類 Phylogenetic classification, すなわち自然分類 Natural system からは作物の種の間の類縁関係について交雑親和性や接ぎ木親和性などを実験しなくても容易に知ることができる．例えば，結球するレタス，ハクサイおよびキャベツを葉菜類として分類するのは栽培など用途の面から便利であるが，交雑親和性を類推するには，レタスがキク科で，ハクサイおよびキャベツがアブラナ科で属は同じだが種が異なることを知っていればレタスはハクサイやキャベツと交雑できず，ハクサイとキャベツ間では雑種はできるが子孫を残しにくいことを，交雑する前から類推できる．

また，園芸植物の名前の基準は正確さに欠けるところがあるのに対し，学名では種の基準が統一されている．例えば一般にカボチャと呼ばれているものには，正確にはセイヨウカボチャ *Cucurbita maxima*，ニホンカボチャ *C. moschata* およびペポカボチャ *C. pepo* の3種，それに台木として用いられるクロダネカボチャ *C. ficifolia* を入れると4種が含まれ，一般には種として区別されることはない．このように学名とその分類基準を知ることは，分類学者だけでなく農学者や園芸学者にとっても重要である．

　第2章では，品種を種の下にある生物学的分類階級として定義した．生物学的分類を知ることは，農業上でも種間雑種 Interspecific hybrid あるいは属間雑種 Intergeneric hybrid の分類学的位置を理解するために，さらには品種の起原，雑種育成の可能性を体系的にとらえるために役に立つ．扱う作物については科名など生物学的分類も知らなければならない．しかし，1960年以降，植物の生物学的分類は形態学的分類から自然分類に近づく過程のいくつかの分類体系が検討され，定説がなかった．ここでは，現在でも植物図鑑などでは広く使われている新エングラー体系（1964）などの形態学的分類とＤＮＡ解析を反映し，自然分類に近いＡＰＧⅢ体系（2009）など種以上のレベルの分類 Classification higher than species について考察し，学名として品種を表記する時の基準を検討する．

　植物分類の研究は，新種の発見などが中心で，ダーウィン（1859）の『進化論 The Theory of Evolution』が発表されてから系統樹を中心にした自然分類を目指し

ながらもリンネ Carolus Linnaeus（1707 ～ 1778）による分類体系が自然分類に近いと言う発想から長い間リンネによる分類体系を基本にしていた．形態的分類 Morphological classification は，実は非常に多くの情報を与えてくれるものであり，リンネ種 Linneon の多くは，そのまま現在でも種として認知されており，形態の類似性 Morphological similarity による大分類も自然分類と共通性が多い．これに内生成分分析による分類 Chemical taxonomy or Chemotaxonomy による裏付けあるいは修正が加わり，さらに分子生物学的手法による系統樹の確立と新しい種の概念に基づき，現在の分類がある．以下に近年の形態学的分類から成分分析，アイソザイム分析による分類，分子生物学的手法による分類の歴史について概略する．

　エングラー Heinrich G. A. Engler（1964）は，花の構造が簡単なものから複雑なものへ進化した（偽花説：Pseudanthial theory）と考え，分類したのに対して，クロンキスト Arthur Cronquist（1988）は，複雑なものから簡単なものへ進化した（ストロビロイド説：Strobiloid theory）と考えた．

　藻類からコケ植物 Bryophyta，シダ植物 Pteridophyta，裸子植物 Gymnospermae，被子植物 Angiospermae と言う大進化 Macroevolution の方向性は一般に認められているものであり，水中から陸上への生活の場 Habitat を拡大する，あるいは向かうことにより必要とされる乾燥に対する適応性の獲得とも考えられる．したがって，被子植物の系統樹における位置付けは裸子植物や被子植物の中のより原始的な植物との共通点で判断される．被子植物

の化石の出現は1億4千万年前の中生代 Mesozoic era の
ジュラ紀 Jurassic period から見られ，その初期の比較的
短い期間に現存する多くの目，科，属の化石が発見され
ている．このように短期間に多くの種が進化したことな
どからクロンキスト体系では単純なものから複雑なもの
が生じたと考えるより，被子植物の特徴を多く持ったも
のが大進化で生じ，それから不必要なものを合理化ある
いは単純化したと考えられている．実際，被子植物の中
で唯一ソテツ Cycas と同じような胚発生 Embryogeny を
し，最も原始的と考えられているボタン目 Paeoniales，
次に原始的と考えられている多心皮類 Polycarpel のキン
ポウゲ目 Ranunculales やモクレン目 Magnoliales は，被
子植物の花として比較的完全な形態を持っている．ま
た，被子植物の花は，本来，軸 Axis に葉が密集して付
いた芽すなわち一種の苗条(びょうじょう) Shoot or Whorl であり，雄蕊
Stamen は小胞子葉 Microspore leaf，雌蕊は，胚珠を付け
る大胞子葉 Megaspore leaf が閉じたものと考えられる．
胚 Embryo（胚嚢 Embryo sac）は，珠心 Nucellus，珠皮
Integument および子房 Ovary に包まれるという過保護
の結果，被子植物はシダ植物や裸子植物に比べ，有性
生殖世代 Sexual generation の消失，背嚢や花粉管の退化
Degeneration，苗条（花）の短縮 Shortening，被子植物の
中で高等なものは，雌蕊および雄蕊数の減少という生殖
器官の単純化，合理化が行われている．

　1930〜1960年代になると内生成分分析として，ま
ずペーパークロマトグラフィー Paper chromatography や
薄層クロマトグラフィー Thin layer chromatography でフ
ラボノイド Flavonoid compounds などを分析して，その

共通性で雑種の検定 Identification of hybrids や分類群の類縁関係を調べる研究が盛んになった．フラボノイドは，ポリフェノール物質 Polyphenol の一種で花色素 Flower pigmentation なども含まれている．しかし，中心子目 Centrospermae（＝アカザ目 Chenopodiales）に特異的にベタシアニン Betacyanin，ベタキサンチン Betaxanthine が含まれていることを除いて，フラボン類やアントシアン類は比較的被子植物内に共通して広く分布しているため，大分類にはそれほど利用されなかった．また，これらの色素は，生合成 Biosynthesis されるまでに多くの酵素の働きを受けており，したがって，遺伝子として解析することのできるものが少なかった．

そこで，遺伝子の直接の生成物 Primary chemistry である蛋白質 Protein が注目された．1960～1980年代にはアイソザイム分析による遺伝子解析が盛んになった（Shannon, 1967；Pasteur ら，1988；Soltis ら，1990）．同じ遺伝子座 Gene locus の対立遺伝子 Allele の関係にあるアイソザイム，すなわち，アロザイム Allozyme には，特にツバキ属植物のような他殖性 Outbreeding の植物には，複対立遺伝子 Multiple alleles が多く存在する Allozyme diversity ので，品種の同定，雑種の検定，種の類縁関係を調べるのに有効であった．アイソザイムは遺伝子の優劣関係がない共優性 Co-dominance なので比較的普通に見られる２量体 Dimer など雑種バンド Heterozygous band を持つものを用いると F_1 で遺伝子の対立関係が容易に解析できるというＤＮＡ分析にない利点もあった．

分子生物学の分類学的な研究への応用が始まったのは

1980年代で，盛んになったのはその後半になってからであった．特に葉緑体ＤＮＡ，Chloroplast DNA (ctDNA, cpDNA) は，被子植物では四つの花粉のまま受精するツツジなどの例外を除くと細胞質遺伝，すなわち母系遺伝 Maternal inheritance を，裸子植物では父系遺伝 Paternal inheritance を，することが分かっている．また，葉緑体の遺伝子は比較的原始的な植物でも機能的にはほぼ完成されたものと考えられ，植物の個体間の競争は主に核の遺伝子の優劣で決まり，葉緑体ＤＮＡは，淘汰をあまり受けていないため葉緑体ＤＮＡの塩基配列の違いは，機能を損なわない範囲内でランダム・ドリフトをしているに過ぎないのかも知れない．このように，葉緑体ＤＮＡは，核ＤＮＡより淘汰を受けず，有性生殖をしないので比較的進化が遅く，さらに組み換え Recombination がないので系統間の類縁関係が複雑ではなく，系統樹を作るのに優れている．

　ツバキの育種家としても有名なノースカロライナ大学の Clifford R. Parks 博士の研究室に著者は 1986～1987 年の１年間客員教授として迎えられ，その後も長い間共同研究を続けている．当時，研究室には中国からの留学生で当時大学院生であった Yin-Long Qiu がおり，それまでのアイソザイム中心の研究室で著者と２人で植物の葉緑体ＤＮＡの研究を開始した．細胞質遺伝をする葉緑体ＤＮＡを調べることによりハクサイの仲間 *Brassica campestris* とクロガラシ *B. nigra* 間の複二倍体であるカラシナ *B. juncea* およびハクサイの仲間とキャベツの仲間 *B. oleracea* 間の複二倍体であるセイヨウナタネ *B. napus* の種子親がどちらもハクサイの仲間で

あることを明らかにした当時ミシガン大学のJeffrey D. Palmer（1986）の論文を読み，サザンカとヤブツバキ間の雑種起原と考えていたハルサザンカの種子親探しをしようと考えたからである．そのPalmer博士の元で学位を取得したMark W. Chase博士が教員としてノースカロライナ大学を応募した際，面接官の一人として立ち会った．Chase博士は著者の研究に協力を申し出て，その実現を楽しみにしていたが，彼が採用されるのと入れ違いで著者は日本に帰国し，かなうことはなかった．そのQiu, Chase, LesおよびParks博士が，被子植物の系統樹についての画期的な論文を1993年に書くことになる．葉緑体ＤＮＡの *rbc* Lの複数の領域を分析し，それまでの被子植物の分類体系で主流であった進化の方向性に関する正反対の二つの体系，花の構造が単純なものから複雑なものへ進化したと考えるエングラー体系と複雑なものから単純なものへ進化したと考えるクロンキスト体系のどちらでもない系統樹を発表した．従来は，双子葉植物の中で離弁花植物より合弁花植物の方が進化したもので，単子葉植物は，双子葉植物より進化したものと考えられていたが，Qiuら（1993）によると，単子葉植物は離弁花植物の中でも原始的なモクレン亜綱に近いものであった．そこで，被子植物系統研究グループAngiosperm Phylogeny Groupが結成され，1998年（ＡＰＧ），2003年（ＡＰＧⅡ），2009年（ＡＰＧⅢ）に系統樹に基づいた分類体系が公表された．当初，ＡＰＧではアルファベット順であった科や目を，マバリーMabberley（2008）などは近縁のものが近くになるように並べ変えた程度であり，Qiuら（1993）の作成した

被子植物の系統樹（第6-1図）には今後も大きな変更は加えられないものと考えられる．そこで，その自然分類的な被子植物の分類体系の概略を紹介する．

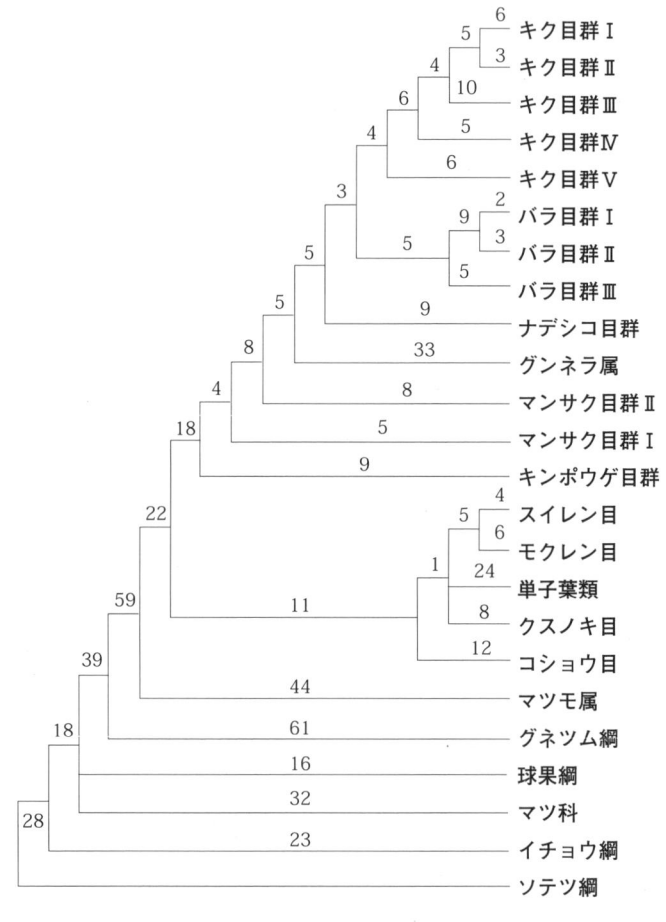

```
                                              ┌─6─ キク目群 I
                                           ┌5─┤
                                           │  └3─ キク目群 II
                                        ┌4─┤ 10
                                        │  ├6── キク目群 III
                                     ┌3─┤  │
                                     │  │  ├5── キク目群 IV
                                     │  │4 │
                                     │  │  └6── キク目群 V
                                     │  │
                                     │  │     ┌2─ バラ目群 I
                                  ┌5─┤  │  ┌9─┤
                                  │  │  └5─┤  └3─ バラ目群 II
                                  │  │     │5
                                  │  │     └─── バラ目群 III
                                ┌8┤  └9────── ナデシコ目群
                                │ │ 33
                                │ └4──────── グンネラ属
                                │   8
                             ┌18┤────────── マンサク目群 II
                             │  │ 5
                             │  ├─────────── マンサク目群 I
                             │  │9
                             │  └──────────── キンポウゲ目群
                             │                    ┌4─ スイレン目
                             │                 ┌5─┤
                          ┌22┤                 │  └6─ モクレン目
                          │  │               ┌1┤24
                          │  │               │ ├──── 単子葉類
                          │  │            ┌11┤ │8
                       ┌59┤  └───────────┤  │ ├──── クスノキ目
                       │  │              │  │ │12
                       │  │              │  │ └──── コショウ目
                    ┌39┤  │              │44
                    │  │  └──────────────┴──────── マツモ属
                    │  │61
                 ┌18┤  └───────────────────────── グネツム綱
                 │  │16
                 │  └──────────────────────────── 球果綱
              ┌28┤32
              │  └─────────────────────────────── マツ科
              │ 23
              ├─────────────────────────────── イチョウ綱
              │
              └─────────────────────────────── ソテツ綱
```

第6-1図．*rbc*L 遺伝子の塩基配列データに基づく種子植物の分子系統樹（Qiu ら，1993）．数字はその枝に共通する塩基置換数を示す．

APG による被子植物の分類体系

裸子植物からアンボレラ科，スイレン科，シキミ科のような原始的被子植物 Basal Angiosperm が進化し，コショウ目，クスノキ目，モクレン目のようなモクレン類 Magnoliids を経て真正双子葉植物 Eudicots に至る．また，モクレン類からはショウブ目やヘラオモダカ目のような原始的単子葉植物 Basal monocots が発生した．さらに，進化した中核単子葉植物 Core monocots は，単に子葉が1枚というだけでなく，葉は平行脈で，幼根が退化しひげ根を作り，花被片や雄蕊，心皮 Carpel が3の倍数という特徴を持つ．一方，モクレン類からはバラやキクのような真双子葉植物が進化した．このように，葉緑体 DNA の分析による系統樹から被子植物の分類として，双子葉植物を合弁花と離弁花に分ける合理性がなく，単子葉植物と真正双子葉植物との関係も従来の考え方と一変した．

このように，分類学は，新エングラー体系（1964）のような生物学的分類から自然分類に近づこうとして 1960 年頃からいろいろな分類体系が発表され続けてきた．そして，葉緑体ＤＮＡ解析して被子植物系統発生 Angiosperm phylogeny の情報を反映した総合的な植物の分類体系，例えばＡＰＧⅢ（2009），マバリー体系（Mabberley, 2008）などの系統関係の基本的な部分は定説となって被子植物の自然分類はほぼ確立した（大場，2008）．したがって，科以上の作物の分類など変更がなされたものについては新しい分類体系に基づいて作物の分類も作り直す必要があるものと考える．

しかし，DNAなど遺伝子の共通性で系統樹は確立できても，共通性の違いの大小だけで属，種あるいは変種を区別することはできない．属，種，変種の概念は，自然分類学的知識よりも交雑親和性，その後の生殖的隔離および形態的相違などの知識も考慮する必要があり，葉緑体DNAなどの分析による系統だけで結論できるものではない．種の違いであるかどうかの区別には種の概念の理解が重要で，具体的には生殖的隔離の有無あるいは強さ，すなわち，同所的に自生していた時の種の独立性，雑種あるいは中間の形質を示すものの存在により判断すべきである．また，種内の分類群である変種の区別には隔離の概念の理解が重要である．変種には地理的隔離など生殖的隔離以外の隔離が働いていなければならないので，集団内において区別できる形態の変異は単なる種内変異であり，生物分類学的な変種とは言えない．ただし，その変異を人間が選抜して隔離維持したものは品種である．観葉植物や野生ラン，山野草などを園芸的に取り扱うとき学名で呼ばれることが多い．外国から導入されたもの，山取りのものなどで単なる同定間違いだけでなく，品種の概念が間違っているために種内変異を変種名で呼ぶ可能性も多いので園芸研究者も変種の概念の理解をしなければならない（第5章47頁参照）．

　作物の学名も属名と種小名 Specific epithet でできており，品種名はその下にある．属以下のレベルではAPG Ⅱ（2003）でもそれ以前とそれほど大きな変更はなされていないので，差し当たり学名としての品種を表記する時の基準としては新エングラー体系の分類図鑑を用いてもほとんど差はない．また，新エングラー体系は，主

に花や果実などの形態による分類で，直感的に分かりやすく，植物標本でも過去の標本が多いため新エングラー体系が分類体系として使われ続けており，植物図鑑などでは今後も使われ続けるのかも知れない．

一方，人為分類には，同じ作物（植物）が分類基準により重複して分類されるなど生物学的分類と比較して分類の合理性，統一性は少ないなどの欠点もあるが，生物学的分類に対して人為分類も広く用いられており，実際の場面では人為分類の便利の良いところも多いため，以下に人為分類の例を示し，考察する．

人為分類の例

例1：原産地の気候条件 Climate condition of the place of origin から
　　　熱帯植物 Tropical plants, 熱帯高山植物 Tropical highland plants, 温帯植物 Temperate plants, 地中海性植物 Mediterranean Sea plants, 高山植物 Alpine plants, 寒帯植物 Polar plants, 砂漠植物 Desert plants など

例2：花芽分化条件 Floral differentiation から
　　　長日 Long day plants, 短日 Short day plants あるいは中性植物 Day neutral plants, 種子低温感応型 Seed vernalization plants あるいは緑植物低温感応型 Green plant vernalization plants など花芽分化に対する要因を知り，区別して分類することは栽培時期などを知るために役に立つ．

例3：栽培土壌 Type of soil の違いから
　　　酸性土壌植物 Acid soil plants, アルカリ性土壌植物 Alkaline soil plants

例4：木本植物 Woody plants と草本植物 Herbs の違いから

例5：作物の用途 Purpose of use から

普通作物，特用作物，園芸作物（果樹，蔬菜，花卉）

例6：可食部位 Edible parts から

穀物 Cereals, イモ類 Potatoes, 葉（茎）菜類 Leaf vegetables, 根菜類 Root vegetables, 果菜類 Fruit vegetables, Edible Flowers（ネギ類 *Allium*, マメ類 Beans を独立させることもある）

例7：花卉の取り扱い Ornamental use から

1・2年草 Annuals and biennials, 宿根草 Perennials（観葉植物，球根類 Bulbous plants, ラン類 Orchids, サボテン・多肉植物 Cactus, 蔓性植物 Vines, シダ類 Ferns, 食虫植物 Carnivorous plants などを区別して独立させることもある），花木（生け垣用植物 Hedge plants, ヤシ類 Palms, タケ・ササ類 Bamboos などを区別して独立させることもある）．

例8：花卉の用途 Use of ornamental plants から

花壇用草花 Garden ornaments, 鉢物 Pot plants, 切花 Cut flowers, 植木 Garden trees, 地被植物 Ground cover, 温室植物 Green house plants, 山野草 Wild flowers

例9：樹木の形態，生態から

落葉樹 Deciduous, 常緑樹 Evergreen, 落葉果樹 Deciduous fruit trees, 常緑果樹 Evergreen fruit trees（熱帯果樹 Tropical fruit trees を区別することもある）

このような人為分類，例えば，原産地の気候条件を知ることは栽培するための環境を知る上で役に立つ．フィリピンなど熱帯地方原産だと分かっていれば熱帯原産のコチョウラン *Phalaenopsis* が東京で冬に屋外で維持できないこと，暖房のある施設が必要なことは容易に

想像できる．ただし，熱帯といっても熱帯高地 Tropical highland の原産で，熱帯低地やバングラデシュやタイ王国などの日本人が単なる熱帯と誤解しているサバナ気候（雨季と乾季のはっきりしている熱帯）では，コチョウランの花が咲きにくいなど栽培が困難なものが多い．このように，原産地のより正確な気候を知ることが栽培に役に立つ．著者らが耐暑性の育種のため 1979 年にパプアニューギニアから導入したマレーシアシャクナゲ *Rhododendron* 属の *Vireya* 節の種は夏の暑さにも冬の寒さにも弱かった．典型的な熱帯高地は常春で，パプアニューギニアの標高 1,500m では一年中昼間が 30 度，夜間が 15 度前後の気候が続き，夕方にはスコールがあるという恵まれた環境で育つ植物には，耐暑性も耐寒性 Hardiness もないのは当然であった．カトレア *Cattleya*，デンドロビウム *Dendrobium*，シンビジューム *Cymbidium* など西洋ランにも，実際には熱帯高地さらに詳しく言えば熱帯コケ林 Tropical moss forest 原産のものが多く，マレーシアシャクナゲと同様，熱帯低地では栽培しにくく，冬暖房さえすれば温帯地方の方が作りやすい．最近話題になっている雲南省原産の植物も雲南省の多くが 1,900m を超える低緯度地方だということを分かると栽培のヒントになる．

　原産地以外の人為分類も同様に栽培など私たちの生活，ヒトと植物との関わりにおいて役に立ち，なくてはならない分類でもある．

第7章　品種の成立
Origin of Cultivars

　ツバキの園芸品種などの多くの栄養繁殖による品種は種子を播いた際，大きな変異を生み，親より優れた個体を得ることは少ない．これは，これらの品種が遺伝的にヘテロ（非相同）性 Heterozygosity を持つことを示しているのであるが，一つや二つの遺伝子だけが分離するのではなく，多くの遺伝子が分離していると思われる場合が多い．このことは，突然変異の選抜を繰り返してその品種が生じたと考えるよりも種間あるいは遠縁の変種間雑種あるいはヘテロ性がまだ高い段階でのその後代と考えた方が説明しやすい．

　雑種成立に果たした自家不和合性 Self-incompatibility の役割について，まず考察する．すでに「種が維持されるためには強い隔離が働いてなければならず，その隔離を破って自然環境下で交雑実生が得られる可能性はそれほど高いものとは思わない」と述べたが，自家不和合性を持つ植物では人間が栽培（移植）することにより比較的容易に雑種が形成されたものと考えられた．この自家不和合性の機構により人為的な交雑育種をすることなく，江戸時代のたった300年間に極めて多くの植物で品種分化がなされた可能性が説明できるように思われる．種内の変種間交雑であればもっと容易であろう．また，自生地でない場所で栽培することにより変種間に

あった地理的隔離が破壊され，それに自家不和合性が働けば F_1 雑種が高頻度で出現することになる．

　これまで書いてきたように品種あるいは品種群の成立に果たしたと考えられる変種間，種間および属間雑種の働きは大きく，元来植物は他殖を好むものが多い（第5章参照）．しかし，種が維持されるためには強い隔離が働かなければならず，その隔離を破って自然条件下で交雑実生が得られる可能性はそれほど高くないので，自然交雑 Open pollination により種間雑種が生じる可能性はそれほど高くないものと考えられる．江戸時代の300年間にあれほどの品種分化が多くの植物でなされるには，人為交雑や自家不和合性など他の要因が必要であると考えられる．「メンデルの法則」の発見以前でも結実のための花粉の果たす役割は知られていたし，変化アサガオ Morning glory では江戸時代にも人為交雑が行われていた．しかし，それ以上に雑種の成立に大きな役割を示したのは自家不和合性という植物そのものが持つ性質であったと考えられる．

　自家不和合性とは両全花 Hermaphrodite の植物で花粉，卵とも他家受粉をした時に正常に結実能力を持つにもかかわらず，同じ株の花粉を用いて交配をした時，結実をしないことである（De Nettancourt, 1977）．この現象は，サクラソウ *Primula* 属のような異形花型 Sporophytic heteromorphic self-incompatibility によるもの，アブラナ科のような胞子体型 Gametophytic homomorphic self-incompatibility によるものなどがあり植物界で広く見られる現象である．

　品種は，第4章でも書いたようにいろいろなタイプ

の成立起原が考えられる．多様な品種が成立するためには変異の拡大が必要である．ここでは，多様な品種の起原として作物の中で比較的多く見られる種間雑種 Interspecific hybrid あるいは遠縁の変種間の雑種による変異の拡大とトランスポゾン Transposon による変異の拡大について解説する．

ゲノム分析 Genome analysis
　種内あるいは種間の類縁関係などを調べる方法の一つにゲノム分析がある．現在，ゲノムという用語には，二つの解釈がある．最近の分子生物学の立場からゲノムはある生物の持つすべての遺伝情報と解釈されるようになったが，元来の解釈では二倍体生物における1組の生殖細胞に含まれる染色体を指し，高等生物の体細胞には2組のゲノムが存在すると考える．そのもともとの解釈でゲノムを分析するには，まず交雑を行い，F₁の減数分裂時（特に花粉）における染色体の対合 Pairing 状態を調べてそれらの雑種が対合する相同染色体をどれくらい持つか，対合の程度はどれくらいかなどを比較する方法である．これは，染色体同士に相同性が高い時に強く，低い時には弱く対合することを利用するものである．例えば，第3章で，*Brassica* 属の二倍体の2種の植物，20本の染色体を持つハクサイの仲間と18本の染色体を持つキャベツの仲間の間の19本の染色体を持つ雑種の減数分裂ではすべての染色体同士が対合せず，一価染色体を形成する花粉母細胞が多いことから，もともとは祖先が同じ同祖染色体であったとしても相同性が弱くなっていると考え，ハクサイから来た10本の染色体を

Aゲノム，キャベツから来た9本の染色体をCゲノムとした．さらに，カラシナおよびセイヨウナタネがそれぞれAABBおよびAACCというゲノムを持つ複二倍体起原であることが明らかになった．同様に，この様なゲノム分析をすることによりタバコ，ワタなどで種間の類縁関係やコムギの起原を野生種に求めることができた．

自家不和合性による種間雑種起原の品種分化

　ゲノム分析は分かりにくいものと考えられるのでBrassica属植物などを例に説明したが，ここでは，さらにサザンカとヤブツバキの雑種起原で，花の少ない冬の季節にサザンカの可憐さ，ツバキの豪華さを併せ持つハルサザンカの品種群の成立起原に関してゲノム分析などによる著者の研究を紹介する．

　著者ら（1980；1986）の研究でも，単なるヤブツバキの三倍体と考えられる'平戸大藪'ではツバキ属植物の基本染色体数である15に近い三価染色体を形成したのに対し，サザンカとヤブツバキの雑種起原と考えられる三倍体ハルサザンカでは，約15の二価染色体と15の一価染色体を形成し，花粉母細胞の減数分裂で同じ三倍体でも染色体の行動が大きく異なった（第7－1図）．

　これは，'平戸大藪'の場合に相同染色体が三つずつ存在したためで同質三倍体 Autotriploid であったため，ハルサザンカの場合は雑種起原で異質三倍体 Allotriploid であったため，と考えられた．そこで，'平戸大藪'のゲノム構成をAAA，ハルサザンカのゲノム構成をAABとした．ハルサザンカは形態的特性および染色体数，アイソザイムなどの研究により著者はサザンカとヤブツ

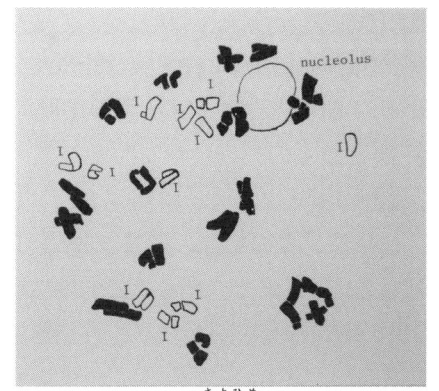

三倍体ハルサザンカ '作用媛(さよひめ)' （n = 17_{II} + 11_{I}）

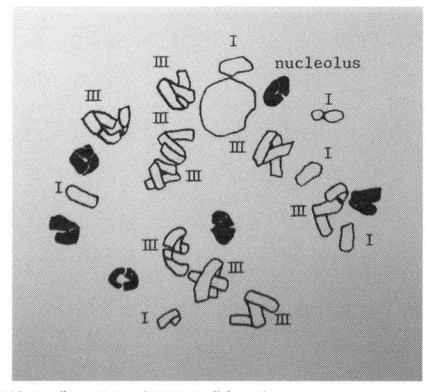

三倍体ヤブツバキ '平戸大藪' （n = 9_{III} + 6_{II} + 6_{I}）

第7-1図．花粉母細胞 PMC における減数分裂．

バキ間の雑種およびその後代であると考えている．その根拠の中心となったのは，染色体の倍数性および減数分裂時の染色体の対合の分析であった．

一方，サザンカは $2n = 6X = 90 = 45_{II}$ の六倍体で，ヤブツバキが $2n = 2X = 30 = 15_{II}$ の二倍体であるのに

対し，形態的な特徴から両種間の一次雑種と推定した平戸島にある樹齢約400年の'凱旋'が $2n = 4X = 60 = 30_{II}$ の四倍体，'凱旋'とヤブツバキの中間の形質を持つ'佐用媛'など多くのハルサザンカとして分類されていた園芸品種がおよそ $2n = 3X = 45 = 15_{II} + 15_{I}$ の三倍体，'凱旋'とサザンカの中間の形質を持つ'望郷'などが $2n = 5X = 75$ の五倍体，さらに三倍体品種群よりヤブツバキに近い形質を持つハルサザンカ品種群の中で最も鑑賞価値の高い'笑顔'などのハルサザンカ品種群が $2n = 4X = 60$ の四倍体であることが分かった（Tanakaら，1986，第7－1表）．さらに，形態的特徴を調べ，アイソザイム分析を行い，実際にサザンカとヤブツバキの雑種を作り比較を行った．また，四倍体品種'凱旋'の自然実生から三倍体と五倍体が高頻度で現れること，一度サザンカが'凱旋'に戻し交配したと考えられる'望郷'の実生からは染色体数が $2n = 80$ 前後の異数体しか得られず，開花期などの問題で戻し交配すると一方方向の浸透交雑 Introgressive hybridization が始まることを明らかにした．その結果，六倍体のサザンカと，二倍体のヤブツバキが自然交雑して四倍体の'凱旋'ができ，'凱旋'にヤブツバキあるいはハルサザンカが戻し交配してそれぞれ三倍体あるいは五倍体品種群が，さらに三倍体品種群にヤブツバキが2度目の戻し交配をして'笑顔'型四倍体品種群が成立したものと推定した（第7－3図）．ただし，'笑顔'型四倍体品種群の成立は，異常な減数分裂を行う三倍体品種では高い確率で生じたと考えられる非還元性の配偶子 Unreduced gamete, $n = 3X = 45$ とヤブツバキからの正常な配偶子 $n = X = 15$ の受精に

第7-1表. 平戸島のツバキ属植物の花粉母細胞における染色体の対合

種	品種	2n=	対合頻度	観察細胞数
ヤブツバキ	'鎮信'	30	$14.99_{II}+0.01_{I}$	170
	'平戸大薮'	45	$0.05_{IV}+11.18_{III}+3.91_{II}+3.45_{I}$	22
ハルサザンカ	'佐用媛'	45	$0.14_{III}+15.34_{II}+13.9_{I}$	29
	'凱旋'	60	$29.69_{II}+0.61_{I}$	62
サザンカ	H-5	90	$44.90_{II}+0.19_{I}$	21

よると考えると説明できる．

さらに，樹齢400年と推定される'凱旋'など古木の推定樹齢，1630年に始まるハルサザンカ品種について書かれた文献の年代，および現存している品種の染色体数からハルサザンカ品種群の成立年を推定した．著者は，以下に述べる成立過程など三つの点からハルサザンカの種子親はサザンカで，花粉親がヤブツバキだと考えていた．まず，平戸におけるサザンカ栽培の歴史から成立過程を想像してみた．

16世紀後半から17世紀前半の長崎県平戸を想定して見る．倭寇の本拠地の一つであった平戸は，平戸藩主松浦候がもともと中国の貿易商王直と親交を結び，彼の紹介で西洋貿易にも乗り出していた．オランダ，イギリス，ポルトガルなどの船が入港し，南館が並び，通りは瓦で舗装され，町は異国人で溢れていた．古くから中国との交易で栄えた平戸にあっても今が最も栄えた時代である．一般に豊かで文化の高い場所で園芸は発展する．平戸も例外ではなく，外国からはケラマツツジ，オオムラサキツツジ，チョウセンヤマツツジ，ソテツ，ビワ，ブンタン，トウツワブキなどが導入され，日本各地からはサクラ，アジサイ，ユリ，キクなどが集められ，武家

や商人は競って庭をきれいにしている．集められたものは，まだ園芸品種の品種分化はそれほど進んでおらず，野生種の域を出ていないものが多い．平戸では，やや広い敷地を持つ藩士が多かったので野菜などを作るだけでなく，庭作りを楽しんでいる．

屋敷の周囲には防風用の生け垣として付近の山からイヌマキ，アラカシ，ヤブツバキが植えられている．特にヤブツバキは花が美しく薪炭材としても有用なだけでなく，油糧作物（かたし油）としても役立つのでどの家でも数多く植えてある．一方，サザンカは，島の中央部の山間部で自生あるいは栽培しており，ヤブツバキより種子が多く採れるので，サザンカを植える家もあった．

しかし，サザンカにはヤブツバキと同様に強い自家不和合性があるので，近くにサザンカが植えられていないと自殖して結実することは少ない．したがって，せっかく油を採るために植えたサザンカに実が着かないという皮肉な結果を生み出す．

そもそも，ヤブツバキとサザンカの種の隔離は，開花期がそれぞれ春咲きと秋咲きで異なるという季節的隔離，ヤブツバキが比較的海岸線に多いのに対し，サザンカが山間部にしかないという生態的隔離，人為的に交配しても結実は不可能ではないが，極めて困難であるという生殖的隔離の三つが働いている．ヤブツバキの多く植えられている民家にサザンカが移植されたということで，両種の生態的隔離は破壊された．長崎県平戸島のように，九州の海岸にあり，暖かい場所ではヤブツバキも11月頃から咲き始める系統も多く，サザンカと開花時期が十分に重なるので両種の季節的隔離は必ずしも強く

ない．

　周囲に他のサザンカが多いか，サザンカに自家不和合性がない時，サザンカとヤブツバキ間にはかなり強い生殖的隔離があるので，結実する種子のほとんどはサザンカの種内交雑種子か，自殖種子であろう．しかも，サザンカとヤブツバキの雑種が生じ，生き残る可能性は交雑実験の結果からほとんどないことが明らかとなった．

　それでは，反対に，また，実際的で十分想像ができるように自家不和合性の強いサザンカが1本だけヤブツバキの多く植えられている平戸の武家屋敷に移植されたらどうなるであろうか．サザンカは一つの枝に複数の花を咲かせるので，少し大きな木になると毎年何千という花を咲かせるが，このような自家不和合性や交雑親和性が低いことを考えると結実するものはほとんどなかったはずである．ヤブツバキが赤い豪華な花で，花木として人気なのに対して，ヤブツバキほどではないがサザンカも白くて可愛いイメージの花を咲かせる．しかも，自家不和合性のため結実せず，したがって毎年多くの花を咲かせるので，採油用の徳用作物としてではなく花木として欲しがる人もいたであろう．持ち主はたくさん実ったヤブツバキの種子は播かなくても，たまに結実したサザンカの種子は稀少価値があり，大切に播いたに違いない．これらの現象を考え合わせると，サザンカとヤブツバキ間にはかなり強い生殖的隔離（著者の研究でおよそ1,000花交配して1果）が働いていたとしても自家不和合性（およそ500花交配して1果）も高いため，稀に結実した種子はサザンカの自殖によるものではなく，高い確率（33%）の3個に1個はヤブツバキとの雑種で

ある（可能性が高くなる）．著者が得た両種間の雑種種子は小さく，未熟種子を無菌播種して実生を得た．ほとんど実を着けないサザンカの木に実が成れば，持ち主はその実を大切に播いたに違いない．雑種の小さな種子が生き残るためには持ち主が大切に播くことも必要と考えられた．

　これらのことから雑種ができるとすればサザンカが種子親で，ヤブツバキが花粉親であると考えていた．実際，以下に詳しく述べる葉緑体ＤＮＡ分析でサザンカが種子親であることが証明されたことを考えるとこの仮説は正しく，自家不和合性は種間雑種起原であるハルサザンカの品種群の成立に寄与しているものと考えられた．

　その後の過程は容易に想像できる．その実生がサザンカとヤブツバキとの雑種であれば，赤花のサザンカの木は人目を引いていたであろう．さらに，種子が実れば，それをもらい播いた人も多かったに違いない．

　一方，1983年にPalmerは，*Brassica*属植物の葉緑体ＤＮＡが細胞質遺伝すなわち母性遺伝をすることを明らかにした上で，その分析からハクサイの仲間とクロガラシの仲間の複二倍体であるカラシナの種子親が *B. campestris* であることを報告した．また，柴田ら（2000）は，ツバキ属植物で細胞質（母性）遺伝をする葉緑体ＤＮＡの *atp*I - *atp*H 遺伝子領域に変異が見られ，サザンカとヤブツバキを区別できることを明らかにした．そこで，ハルサザンカの種子親を調べるため，これらの種の *atp*I - *atp*H 遺伝子領域の分析を行った（Tanakaら，2005）．

　ヤブツバキ６系統１品種，サザンカ３系統５品種およびハルサザンカの'凱旋'型四倍体品種群２品種，'笑顔'

型四倍体品種群5品種, 三倍体品種群10品種および五倍体品種群1品種を用い, *atp*I - *atp*H 遺伝子領域を調べた. *atp*I - *atp*H 遺伝子領域増幅用プライマーとしてホウレンソウ由来の配列（5'-TTGACCAACTCCAGGTCCAA-3'および5'-CCGCAGCTTATATAGGCGAA-3'）を用い, ＤＮＡを複製するＰＣＲ法で増幅を行った. ＰＣＲ増幅産物

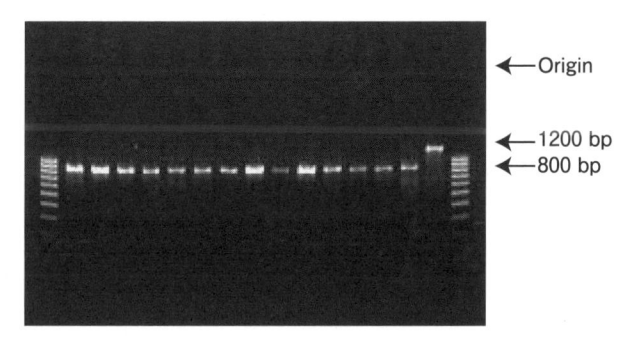

第7－2図. 葉緑体 DNA の *atp*I-*atp*H 遺伝子領域のバンドパターン.
M:DNAサイズマーカー, レーン1～15：品種名は第7-2表に番号で表す.

第7－2表. 葉緑体ＤＮＡのバンドパターン（第7－2図）に表わされるハルサザンカの品種と倍数性

DNAの大きさ		800bp			1,200bp
種	サザンカ		ハルサザンカ		ヤブツバキ
倍数性	六倍体	五倍体	四倍体	三倍体	
品種群名			凱旋型	笑顔型	
品種名	野生型3系統 (1)	望郷^z	凱旋 (4)	笑顔 (13)	紅雀 (10)
	栄久絞り^z		楢山 (5)	笑顔紅^z	銀竜 (6)	(二倍体)
	神国紅^z			宝塚	久富 (12)	6系統^z
	西海			梅ヶ香 (14)	古錦蘭 (8)	(三倍体)
	七福神 (3)				竜紅 (9)	平戸大藪 (15)
	東雲 (2)				佐用媛 (11)	
					蜀光錦 (7)	

（ ）内の数字は第7－3図のバンドを示す.
z：第7－3図にはない品種, 系統

は，エチジウムブロマイドを含む1.5％アガロースゲルで電気泳動し，UV照射下でバンドを調べた．その結果，ヤブツバキでは約1,200bp, サザンカでは約800bpの長さのDNAの単一バンドが確認され，サザンカとヤブツバキ間の雑種と考えられるハルサザンカが800bpのバンドを有していれば，その種子親はサザンカで，花粉親はヤブツバキと考えられる．実際, ハルサザンカの'凱旋'型四倍体品種群2品種, '笑顔'型四倍体品種群3品種および三倍体品種群6品種は，サザンカの野生型1系統および4品種と同じ800bpのバンドが増幅され，ヤブツバキの1,200bpのバンドと区別された（第7－2図）．これらのことから著者が推測していたように，ハ

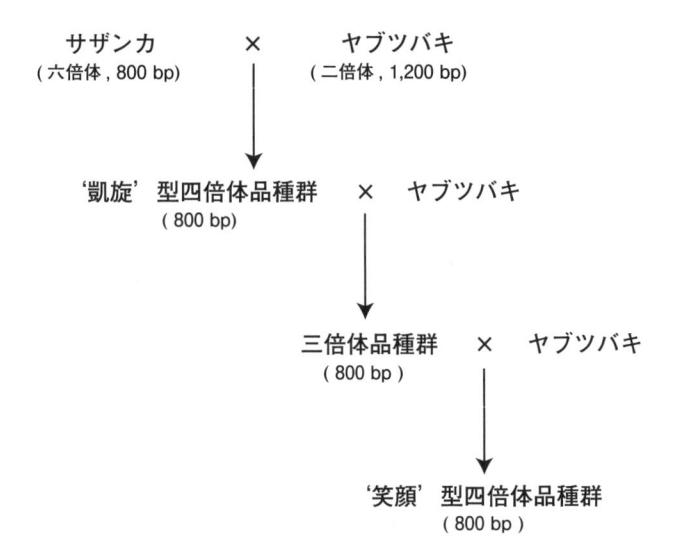

```
サザンカ              ×    ヤブツバキ
(六倍体, 800 bp)            (二倍体, 1,200 bp)
         ↓
   '凱旋'型四倍体品種群    ×    ヤブツバキ
        (800 bp)
                  ↓
            三倍体品種群      ×    ヤブツバキ
             (800 bp)
                        ↓
                  '笑顔'型四倍体品種群
                        (800 bp)
```

第7－3図．葉緑体DNA分析に基づくサザンカの細胞質遺伝子(800 bp *atp*I – *atp*H gene)のハルサザンカへの浸透とハルサザンカの起原．（左）種子親×花粉親（右）を示す．

ルサザンカは，サザンカが種子親で，戻し交配も含め，花粉親はヤブツバキであるものと考えられた（第7－3図）．

トランスポゾンによる品種の分化
　江戸時代に多くの植物で驚くほど多くの品種が出現した．サクラにしてもウメにしてもツバキにしても名花と言われるものは，江戸時代にできたものが多い．イギリスのコーニシュガーデンで植えられているものは，ツバキ，ツツジ Azalea，シャクナゲ Rhododendron，モクレン Magnolia など日本を中心に東アジアの植物がほとんどで，それ以外のヨーロッパの庭にも日本の植物が多いのは，江戸時代に日本で多くの園芸品種が育成されたことによる．その品種分化について考察してみる．あの多様性に富んだ品種間の変異は単なる突然変異の積み重ねだけで生まれたものには思えない．それは，多くの形質が組み合わさって変異の幅を拡大しているように考えられるものが多いからである．ハルサザンカのように種間雑種による変異の拡大が形態の多様性，すなわち，品種分化を生み出したと考えられる植物も多いが，一方，江戸時代における園芸植物の品種分化には，トランスポゾンによるものも多いものと考えられる．
　トランスポゾンとは，ゲノム上の位置を転移することのできる塩基配列で，動く遺伝子とも呼ばれるもので，江戸時代の品種分化の起原には，単なる突然変異によるものだけでなく，トランスポゾンの転移が活性化した時に見られる現象と種間雑種などのF_2世代以降の分離世代や戻し交配世代，浸透交雑で見られる変異の拡大と同

じような現象とがあるように考えられる．

　トランスポゾンによる品種の成立としては，九州大学理学部の仁田坂博士（Nitasaka, 2003）による江戸時代の変化アサガオの研究がある．江戸時代のアサガオのブームにおいて，牡丹変異体，すなわち，雄蕊の弁化 Petaloid と雌蕊の萼化の繰り返し構造のものなど4種類の八重咲きの変異体，花弁が筒状になる獅子変異体などが知られており，これらは，トランスポゾンの転移で生じたことが明らかとなっている．出物（でもの）と呼ばれる鑑賞価値の高い変異体には稔性がなく，稔性のあるヘテロ性の親木の種を播くとメンデルの遺伝の出現率で現れることを利用して維持してきた．

　江戸時代，挿し木のような栄養繁殖で増やせるものは，たとえ稔性がなくても維持ができ，サツキなどがベルギーに導入されて品種改良されたアザレアのようなものも，トランスポゾンにより品種が成立したように考えられる．江戸時代，菖翁と呼ばれた松平左金吾がハナショウブ Japanese iris の種子を播くと次々といろいろな品種が生まれたとされることも，オモト，カラタチバナなど草木金葉集で10冊も書かれる斑入り植物の一部も，トランスポゾンによるものと考えられる．

　ヨーロッパなどの例で，チューリップやシクラメンなど栽培されている植物の中にトランスポゾンにより多様な変異が生まれ，それを大切にする趣味家に見い出される確率は数百年に一度と言われている．しかし，ヨーロッパで野生のパンジーからスイス・ジャイアント系の大輪の品種，トランスポゾンが現れるまでに要した年月は，それを見い出す趣味家の数と熱心さにより短縮され

たであろうし，江戸時代にたくさんの園芸品種が現れたのは，国中を上げて園芸が盛んであったことによる．このトランスポゾンという変わった遺伝子は，一度生まれると次々に変わった変異株を作り出す性質を持つ．したがって，例えば紫色の花を持つ野生のスミレの中から白花のスミレが生まれ，それを大切にし，品種として成立させると言うようなトランスポゾンでない普通の突然変異の選抜による品種の成立は，変異の幅が狭いのに対して，トランスポゾンによる品種の成立では，その後，変異が劇的に拡大すると言う点で大きく異なる．

このように，一度変異が出るとその変異とは異なる変わった変異が出ることがトランスポゾンの特徴で，花の育種では注目されている．トルコギキョウ Texas bluebell は，昭和に入って導入された比較的新しい切り花植物で，1980年頃まではもともとのキキョウ色をした青紫の品種を中心に，赤みの強い品種と白花の品種があるくらいであった．その後，日本を中心に覆輪の品種や八重の品種など多くの多様な品種が育成され，日本ではキクやバラに次ぐ重要な切り花作物となっている．

異国の地や植物園における品種の分化

園芸作物の品種分化は，異国の地において行われることも多く，アメリカでは，アメリカツバキとも呼ばれる大輪や八重の品種群が育成されている．Homeyer 医学博士が，ツバキ品種 'Elizabeth Bordman' に 'Drama Girl' を交雑して育成した 'Howard Dumas' が，ツバキの種内交雑種ではなく，トウツバキとの雑種と考えられることが多かった．そこで，著者ら（1988）は，アイソザイ

ム分析の手法を用いて，その来歴を明らかにし，その結果から異国の地における園芸作物の品種分化について考察した．

調査したＦＥＳＴ，ＴＰＩ，ＡＤＨ，ＧＯＴ，ＰＧＩ，ＰＧＭ，ＭＤＨ，６－ＰＧＤ，ＤＩＡ，ＳＡＤＨ，ＩＤＨ，ＧＤＨのアイソザイムの中で，ＦＥＳＴ，ＩＤＨ，ＧＤＨ，およびＳＡＤＨでは，ツバキとトウツバキとの区別が付かなかったが，ＰＧＭ，ＭＤＨ，ＤＩＡ，ＴＰＩ，ＰＧＩ，ＧＯＴ，６－ＰＧＤ，およびＡＤＨでは，ツバキとトウツバキとの区別が付くか，あるいは親を類推するのに役立つ種に特異的なバンドが見られた．トウツバキとヤブツバキ間の２雑種と 'Howard Dumas' は，ＰＧＭ－１，６－ＰＧＤで，ツバキに特異的なＪバンドおよびトウツバキに特異的なＲバンドの両方を持ち，'Howard Dumas' の同じ果実の中にあった種子からの実生 Podmate は，Ｊバンドだけを持っていた．ＤＩＡ，ＧＯＴおよびＭＤＨでは，トウツバキに特異的なバンドを有し，ＴＰＩ－２では，'Howard Dumas' はツバキと同じバンドを有していた．また，ＰＧＩでは，'Howard Dumas' が倍数体であることを示す複雑なバンドを示した．すなわち，'Howard Dumas' がツバキの遺伝子だけでなく，トウツバキの遺伝子を有していることを示し，'Howard Dumas' がツバキの種内交雑で得られたものではなく，両種の雑種起原であったためと考えられた．形態的にも，'Howard Dumas' はツバキに特有な葉裏の褐点と，ツバキに見られず，トウツバキに見られる葉裏の毛を有し，葉の鋸歯および花の形態においても，トウツバキとツバキの雑種と思われる形態を示している．また，

花粉親として使ったという 'Drama Girl' は花粉稔性の低い三倍体で交雑してもなかなか結実しない組み合わせであった．これらのことから 'Howard Dumas' はツバキ品種 'Elizabeth Bordman' とトウツバキとの雑種であると考えられる．ツバキとトウツバキ間で種間雑種はできるが，このように，自然交雑によってできた例はない．共同研究者の一人 Homeyer 博士はトウツバキと黄色のツバキのアメリカでも代表的な育種家で，交雑したツバキ品種 'Elizabeth Bordman' の周囲には日本や中国を代表する美しい品種が植えられていたことや一重のヤブツバキなど野生種の花粉がないことなどから，自然交雑で種間雑種ができ，しかもそれは選抜された美しい品種間の雑種であるので，自然交雑であっても得られた実生はかなりの確率で優れた形質のものが得られたものと考えられた．

　アメリカでは，人為交配が行われることも多く，それにより植物の育種が進んでいる側面も多いが，一般に，その植物にとっての異国の地では，周囲に野生種がなく，選抜され，優れた品種に交雑の機会が限定されるので，自然実生の中からでも高頻度で優れた個体が多く得られるものと考えられる．特にツバキのように自家不和合性その他，自殖を妨げる機構を持つ植物では，収集家の好みの品種を植えて置きさえすれば，自然交配でも好みの方向の育種がより進むものと考えられる．また，野生種が 2 種以上植えてある時には，原産地で地理的あるいは生殖的隔離が働いている種間でも，この例のように，異国の地では '自然交雑' で種間雑種が比較的容易に得られ，さらに，この後代では形質が分離するため，変異が拡大（品種分化）するものと考えられる．また，現代の

日本では，挿し木や接木などの栄養繁殖が盛んであるが，育種のためには，実生繁殖を推奨すべきである．

同様な理由で植物園間の種子交換には，自然交雑種が多いことが知られている．植物園では同属の植物のコレクションがあることが多く，園内に 1 個体しか栽培されていない自家不和合性の高い植物種に種子が生じたら，それは自殖による種子でなく，交雑可能な近縁種との雑種 Botanical garden hybrid である可能性が高い．

このようにして，園芸作物の品種分化は，自生地ではなくかえって異国の地で行われることが多くなる．また，大学や研究所，種苗会社など専門家によるものだけでなく，現代でも趣味家の役割は大きい．コレクションをしたくなるような品種群の発達した植物には，日本の江戸時代にできたものが多いと書いたが，近代になってからは遺伝の仕組みも分かり，交雑育種など欧米を中心に育種がなされるようになった．ノカンゾウ，ハマカンゾウ，キスゲなど日本原産の種が多いのに，不思議なことに日本ではあまり園芸的に評価されなかった Day lily (*Hemerocallis*) が，アメリカで戦後育種され，大きな品種分化を遂げている．

一方，種の導入には野生植物の生態系に及ぼす影響なども十分に考慮しなければならないことも多い．西表島にある *C. japonica* L. は，花色が清純で花が小さく，ホウザンツバキ *C. japonica* L. var. *hozanensis* (Hay.) Yamamoto に近い形質を示す．生態的にも原生林の中に点在しており，九州本島にあるヤブツバキのように群落を作らない．しかし，平地に植えられているものの多くは本土のものと似ており，聞くと鹿児島から街路樹など

として導入されたものであった．ツバキを増やしている植木屋のない西表島で，ヤブツバキを購入しようとしたら鹿児島から来るのは当然である．同じ種であるので同所的にある時，野生種への遺伝子導入などコンタミを起こすかも知れない．また，これらのことを知らない場合，西表島などには最初から二つのタイプのツバキがあるものと考えるかも知れない．屋久島にあるリンゴツバキ *C. japonica* L. var. *macrocarpa* も典型的なものは山地にあり，人里に近い所にあるものはヤブツバキである．今では分かりようがないが，西表島のヤブツバキと同じ理由かも知れない．

　また，熱帯には，ラン科植物，ハイビスカス，ブーゲンビリア，クロトンなど多様な品種が育成された植物もあるが，品種分化の進んでいないものも多い．素材として素晴しいものがまだまだたくさんあり，熱帯植物の育種はこれからである．

第8章　栽培化された植物の特徴
Characteristics of Cultivated Plants

　作物の多くは，ダーウィン（1859）の進化論，メンデルの遺伝学以前に作物として成立しており，中にはその当時の品種が現存し，品種として通用しているものもある．1979年，文部省の科研費によりパプアニューギニアでマレーシアシャクナゲ *Rhododendron* sect. *Vireya* の導入のための研究を行った．パプアニューギニアは，ヨーロッパを経由しない有史以前からのサツマイモ文化圏であり，日本など中緯度地帯では花の咲かないサツマイモに花がたくさん咲いており，しかも各地で丸葉と切れ葉などの株が混在し，実生による変異と思えたためその種子を集めようとしたことがある．しかし，実際はパプアニューギニアでもサツマイモの繁殖は先進国と同様，挿し木で殖やしており，葉の形だけでなく，イモの色も白や黄色のものがあり，住民は「品種」をはっきり区別していた．また，パプアニューギニアでは，花は咲くが，実がならないサツマイモが多く，実を着けないことによりイモを太らせるという高度の選抜も行われたものと考えられた．このように結実性 Fructification が悪くなることが品種として優れていることも多く，選抜の対象になったものと考えられる．

　品種が雑種起原，特に種間雑種のように比較的遠縁の雑種であることが品種としてのメリットになることがあ

る．一般に木本植物には隔年結果 Alternate year bearing があり，カキやミカンなど果樹では大きな問題の一つである．この原因にはミカンなどのように花芽分化期（6～8月）が果実の肥大期と重なり，花芽が十分に発達できない場合やカキなどのように着果により次年の着花枝の充実が十分でないために生じる場合があると考えられている．しかし，もう少し深く考えるとかなり広い地域で成り年 On year（Bearing year）と不成り年 Off year があることを，これだけで説明するのは困難である．半分の株は成り年，残りの半分の株は不成り年となってトータルすると隔年結果ではなくなるからである．広い地域で隔年結果が見られることは，何らかの気象条件が引き金になって株間に同調性があることを考慮しなければ説明できない．

　この隔年結果は，比較的果実の大きいツバキやサザンカなど花木類でも見られる現象である．着果することが翌年の花数を減少させるのであれば，花木の場合，結実しないことが望ましい．また，栄養繁殖作物で，栄養器官を収穫するものでも結実性が悪いことは収穫の増大につながる．実際，多くの花木類や多年生の作物が雑種であることなどによる不稔で毎年安定している多くの花を咲かせ，また収量をあげている．

　例えば，サクラの'染井吉野'が毎年安定して多くの花を咲かせるのは，ヒガンザクラとオオシマザクラの種間雑種であるためであるとされている．また，ワケギの不稔性は増収につながり，不稔性の原因として減数分裂時の染色体の対合の悪いのは，ワケギがシャロットとネギの種間雑種である（田代洋丞）ことによる．これらの

ものは稔性が低いのでF₁雑種そのものである可能性も強い．

　一方，極めてわずかに生ずる種間あるいは遠縁の変種間雑種の後代にも，染色体の異常で花粉稔性の低いものや八重咲きになって結実の悪いものが多い．また，ハルサザンカや多くのツバキ品種，ヤブツバキとユキツバキとの（亜）種間自然交雑種はユキバタツバキと呼ばれ，八重咲きのものも多い．一方，肥後ツバキは，一重で花粉稔性は高いものの，著者は日本のヤブツバキと中国産のツバキ節の節内種間雑種起原と考えており，事実，胚珠の発育不良で結実性が低く毎年安定して多くの花を咲かせる品種が多い．このように種間雑種あるいは雑種起原のものの中から，遺伝的異常のあるものが選抜された品種も多いものと考えられる．

　結実の悪い原因には雑種起原によるものばかりではない．一般にオニユリやヒガンバナのように多くの作物で見られる三倍体の品種は，結実性が全くないので隔年結果がないだけでなく，花も大きくなる．また，挿し木で繁殖している九州のスギは，栄養成長が盛んで生殖成長に入りにくい品種が選抜されている．雄株 Male stock しか日本に導入されなかったキンモクセイも結実性が全くないので，毎年多くの花を楽しめる．

　サツマイモの稔性の低さは少し複雑である．まず，温帯地方で結実しないのはサツマイモが基本的に短日植物で短日条件になって花芽分化をする前に収穫あるいは地上部が寒さで枯死するためでもあるが，さらに選抜によるものも影響しているのかも知れない．根部の肥大しないキダチアサガオに接ぐと花が咲きやすくなるからであ

る．一方，コロンブスによる導入以前からサツマイモを栽培しているニューギニアでの日長はサツマイモにとって相対的に短日なのでよく開花が見られる．著者は以前植物防疫の面から導入が困難なイモ類の種子を集めようとしたことがある．その時，葉の形が切れ葉と丸葉という2系統が混植されており，イモの色などでも変異が見られたので実生で増やしているものと考えたが，実際は挿し木で増やしており，意識的に混植しているところが多かった．現地の人によると花は咲いても実は成らないそうで，確かにどの地方でも種子を手に入れることができなかった．彼らもサツマイモは，種子を作らないことが収量につながることを経験的に知っていたのかも知れない．花は咲いても結実しないのは，遺伝的な異常かサツマイモでよく見られる交雑不和合群 Cross incompatibility を用いたためと考えられる．

　また，果実を食べるものについても，果実が発達し，種子が発達しない単為結果は好ましい形質と考えられている．これには遺伝的な異常によるバナナ，ウンシュウミカン，アメリカの種なしブドウ，三倍体を利用した種なしスイカなどがある．

　このように不稔性は品種としての優れた特徴となっていることも多い．そして，これらの不稔性の中で，遺伝的異常によるものは雑種であること，あるいは雑種起原であることにより生じたものも多いものと考えられる．

　キャベツ，ハクサイ，レタス，チコリーなどの結球性 Heading や穀物の脱粒性 Shattering habit のように栽培化された植物，すなわち作物と野生種で特質が大きく異なるものもある．栽培化された作物の特徴として穀物の脱

粒性が有名である．野生型のイネは脱粒しやすいのに，栽培化されたものは脱粒しにくいことは当然の現象として受け入れられている．また，トウモロコシのように極めて脱粒しにくいものが，なぜ自然界で進化し生き残ったのかという話題まで提供している．ここでは，まず結球性の作物の来歴と特徴について考察し，栽培化のレイティング法について検討する．

アブラナ科のキャベツ，ハクサイ，キク科のレタス，チコリーの野生種，あるいは古い品種で結球するものはない．キャベツの原種でヨーロッパの大西洋沿岸に分布する *B. oleracea* var. *sylvestris* の栽培化は，紀元前6世紀に始まったとされる．しかし，結球性のキャベツが記録されたのは13世紀のイギリスで，ケール・グループ scv. *acephala* から派生したものである．

ハクサイは，西アジアに起原があり，7世紀頃中国でタイサイとカブとが交雑し，不結球ハクサイが成立し，18世紀に現在のタイプの結球ハクサイになったと言われている．日本への導入は比較的新しく，明治8年に一度導入されたが，大正時代にはあまり普及していなかった．ハクサイは，不結球ハクサイの'山東菜'や'べかな'と同じ変種 var. *pekinensis* として扱われることが多いことからも分かるようにサントウサイ・グループ scv. *santoensis* から派生したものである．

レタスの起原はヨーロッパで，同節の *L. serriola*, *L. saligna*, *L. vilosa* などの近縁種が自生しているが，野生種は見つかっていない．紀元前4000年ごろからエジプトで栽培されており，生物学的には変種として中国で茎を食べるために発達したステムレタス（アスパラ

ガスレタス，茎レタス，セルタス）var. *angustana*, 地中海で発達した半結球性のコスレタス（ロメインレタス，立ちレタス）var. *longifolia* およびそれ以外のレタス var. *crispa* に分けられることが多い．しかし，最も一般的な var. *crispa* には非結球性のリーフレタスとカキヂシャという二つの品種群と結球性のクリスプヘッドタイプと日本ではサラダ菜で知られるバターヘッドタイプという二つの品種群を含む四つのサブグループが存在し，広く普及している．品種群間の類縁関係や来歴も考慮に入れながらもグループ内での育種（第3章）が主に行われているので実用性から品種群を考えて，クリスプヘッドタイプを scv. *crispa*, scv. nov., バターヘッドタイプを scv. *capitata*, scv. nov., リーフレタスを scv. *oleracea*, scv. nov., カキヂシャを scv. *asiatica*, scv. nov., ステムレタスを scv. *angustana*, scv. nov., コスレタスを scv. *longifolia*, scv. nov. に再分類する．

　キク科の作物でレタスと比較的似ているチコリーは，ベルギーなどレタスより生産・消費が多い国もあるが，日本では独特の苦みのため普及していなかった．近年，緋紅色で葉の美しくクリスプヘッドタイプの結球レタスとよく似た'トレビス・ビター'（イタリアのトレビスなどで作られるラディッキオ Radicchio は細長い）が輸入され，サラダの色付けのためレタスと混ぜてレストランで食べられるなど市販されるようになった．一方，ニュージーランドで飼料作物として利用されたり，根を煎じてコーヒーの代わりに用いられたり，サラダ菜として利用されたり，チコリーには形態の異なる多くの品種が存在する．このようなものには，非結球性の品種が多

いが，ホワイトアスパラガスのように親株の根を暗黒条件で伏せ込んで軟白化した芽を食べるアンディーブ（フランスなどでは Endive と綴るが，*C. endivia* は同属の別種で，ベルギーでは Witloof あるいは Chicon と呼ばれるなど混乱している），ベルギーから日本に空輸されている．根を利用するものは品種群がそれほど発達していないようなので *Cichorium intybus* scv. *sativum* とし，葉を利用するものはこれまでの var. *foliosum* を実用上の品種群で scv. *radicchio*, scv. *sugarloaf* および scv. *witloof* の三つに分ける．

　このように，これらの結球性の野菜はもともと非結球性の野生種があったものと考えられ，実際，同種内に非結球性の品種群がある．結球性の野菜は，野生種にないだけでなく，こぼれ種でエスケープすることもないことから明らかに栽培化によるものである．また，これらの4種間で交雑が困難なことから結球の遺伝子が導入されたものではなく，平行進化で独自に発達したものと考えられる．ただし，結球性のハクサイとキャベツ間の種間雑種で複二倍体にして稔性を回復させたものとして結球性のハクラン *B.* × *napus* がある．そこで，著者は，自然環境下での生存能力 Viability の低さを調べることにより栽培化された作物の栽培化の程度をレイティングし，栽培化の程度の目安とすることを考えた．

栽培化のレイティング

　道路端や堤防で見かける菜の花は，日本の春の風物詩である．しかし，よく観察するとノザワナ，セイヨウナタネ，カラシナの仲間などもともと栽培されていた作物

がエスケープしたもので栽培から離れて数十年が経つと考えられ品種の同定の困難なもの，熊本の阿蘇タカナのように栽培種からのこぼれ種の供給があるものなどが含まれている．一方，結球性のハクサイやキャベツなど同属の作物で広く栽培されているものでも全くと言ってよいほど野生化していない作物も多い．これは，前者の栽培化が進んでおらず，野生時の性質を強く残しているためと考えられるのに対し，後者は，結球など栽培化が進み，もはや自然界で野生植物と競合できないためだと考えられるからである．ちなみに，コスモス，キバナコスモス，ノース・ポール，ムシトリスミレ，マリー・ゴールド，ショカツサイなど種子繁殖の草花類は，除草など少しの人の手助けがあれば数年間はこぼれ種であっても繁殖することができる．ヒガンバナ，オニユリ，ヤブカンゾウなどの球根類も一度植えれば雑草との競合にも負けないようである．また，日本ではニセアカシア，アメリカでは中国産の野生ナシ *Pirus* spp. などいくつかの花木は，最初，人の手により植えられたものであるが，今では雑木化している．このような生存能力の高さを，除草や施肥，畝立てなどのレベルと自然環境下での生存率としてレイティングすれば，作物の栽培化レベルとして評価基準ができるものと思われる．

作物化された被子植物

　6,500万年前に始まった新生代は哺乳類の繁栄する地質時代である．また，この時代は被子植物の繁栄する時代とほぼ重なる．精子で受精するため交雑範囲の狭いソテツやイチョウの仲間，交雑範囲は広くなったが，多くの無駄な花粉を作るためコストのかかる風媒花粉を持つスギやマツの仲間のような裸子植物から進化して，目立つ花と蜜のご褒美によるハナバチとの共進化というコスト削減に成功した被子植物は1億4千万年前に成立した．また，被子植物の種子は風で飛んだり，動物に付着して運ばれたりするものだけでなく，果実と言うご褒美で鳥など動物に種子を運んでもらうという繁殖戦略を獲得したものまで現れた．このように，果樹で取り扱う果実や花卉園芸で取り扱う花は植物の繁殖戦略としてもともと動物のために用意されたものなので作物化の対象となりやすい．一方，普通作物で取り扱う穀物（種子）や蔬菜園芸で取り扱う葉や根は動物へのご褒美ではなく，消化されないような仕組みを作っている植物も多い．これらのすべての植物を私たちヒトが利用する時，植物は作物となり，栽培化されて品種が形成される．したがって，この本で取り扱う品種を持つ植物の中心は新生代という哺乳動物と同じ時代に繁栄している被子植物が中心で，シダ植物，裸子植物にも一部品種が発達した．植物の立場から見ると栽培化は結果的に植物の繁殖戦略ともなっている．逆に昆虫や微生物はヒトに直接役に立たないものが多く，種内の変異などについては分類学者が変種や系統に分ける程度である．したがって，ミツバチや酵母，乳酸菌のようにヒトが隔離繁殖し，本来なら品種と言えるものも系統と呼ばれることが多い．

第9章　雑種起原の種
Hybrid Species

　一般に雑種は雑種であって種ではないが，雑種起原の種が存在すれば第12章で検討する学名として雑種の表記の仕方，雑種式で表わすことは適当でない．また，前述（第4章）したように，野生種の耐病性など有用遺伝子をある作物に導入するため，それらの種間雑種に，野生種ではなく作物種と戻し交雑を繰り返して必要な遺伝子を獲得した品種が育成されている．有用遺伝子以外の多くの野生種の遺伝子は，排除されているので，作物種内の品種と考えてよい．このような場合，品種あるいは品種群の属する種名は，作物の種名を使えばよい．野生の自然界においても種間雑種は稔性が低く，種として存在できるのは戻し交雑を繰り返したものに多い．しかし，園芸品種など作物の中には種の定義に近い存在の雑種起原の品種群が存在していることがあり（第1章），それらの学名は敢えて遺伝的に近い方の親種の学名で表わすことも，雑種式で表わすことも適当でない．そこで，この章では雑種起原の品種群の学名について考察する．

　ＡＡとＢＢというゲノムを持つ親種間で作られた雑種のゲノムはＡＢで稔性の低い場合が多いが，複二倍体にしてＡＡＢＢというゲノム構成を持ったものは稔性が回復するので別種として種名を与える場合も多い．例えば，カラナシの仲間 *Brassica juncea* は，ハクサイの仲間

B. campestris とクロガラシ *B. nigra* 間の雑種起原でＡＡＢＢというゲノム構成を持つ複二倍体で親の名前を付けることはできないので独立した種名を持つ.

　また,複二倍体でない場合でも栽培条件下や異国の地で成立した種間雑種など周りに稔性の高い親種が少ない場合,戻し交雑ではなく,自殖や雑種間で生じた実生群の中で,稔性を回復したものが品種群として成立している時と栄養繁殖で維持されているものが品種群として成立している時がある.

　エビネ *Calanthe discolor* Lindl. は日本の山に普通に見られる野生ランであったが,エビネブームで山取りが盛んに行われ,野生では少なくなってしまった. 1970年頃の北部九州のスギの人工林で,柿色の花を咲かせるエビネと黄色で大輪の花を咲かせるキエビネ *C. striata* R. Br. の自生する地域ではそれらの中間の形質を持った美しい自然交雑で生じたと考えられている雑種が見られた. 著者の知っている自生地の集団ではF_1らしいものだけでなく, BC_1あるいはF_2以降で形質の分離世代と思われるものが中心で,園芸品種のコレクションのような様相を示していた. このようなエビネとキエビネの雑種はタカネエビネと呼ばれる. 同様にエビネと九州南部に自生し淡い紫色のキリシマエビネ *C. aristulifera* の雑種はヒゼンエビネ, キエビネとキリシマエビネの雑種はヒゴエビネ, エビネ, キエビネおよびキリシマエビネ間の三元雑種はサツマエビネと呼ばれ,趣味家により山取りの品種が作られていた. その後,最近では山取りではなく人工交雑と試験管内の無菌播種により,これらの3種に香りのするコオズエビネ *C. izu-insularis* (Satomi)

Ohwi et Satomi，独特な形のサルメンエビネ C. tricarinata Lindl. も加わり多様な品種群が形成されている．このような栽培エビネの品種群に親種の中の一つの学名を与えることはもはや不可能である．このように，花卉園芸植物を中心に作物の品種では，複数の種間で複雑に交雑が行われてできた品種群あるいは来歴の比較的はっきりした品種群があり，どちらか片親の名前で品種の属するべき種名を表わすことができない場合が多い．このような時，品種の属するべき種名は別の学名で表わすしかない．そこで，日本の趣味家により作られたこのようなエビネの品種群を Calanthe × hortensis T. Tanaka, sp. nov. と命名する．この種小名は原則的に雑種起原のものに限定し，雑種起原であることを表わす×を付ける．

　Anderson（1949）が考察しているように種間雑種ができるのは，種の隔離を壊す災害や伐採のようなもともとの自生環境の破壊が必要で，その後稔性の高い親種の一つとの戻し交雑が起きると，主にその親種と繰り返される戻し交雑で浸透交雑が起こるとされている．しかし，自然界で実際には雑種の生存率が低く，浸透交雑は起こりにくいようである．一方，農業上でも野生種から有用遺伝子を園芸品種に導入する際には園芸品種と戻し交雑が繰り返されることで，浸透交雑が行われる．第4章で，種名は，稔性が回復し，90％以上の遺伝子が戻った時には雑種という必要はないと述べた．しかし，ラン科植物の栽培エビネや栽培カトレアなどの場合，種間雑種だけでなく属間雑種でも育種をするのに十分な稔性があることも多く，戻し交雑ではなく雑種性を残した品種群が育成されている．このようなことは自然界では少なく，

園芸品種群の成立過程ではよく見られる現象である．

　トウモロコシやレタスのように明らかな野生種がなく，栽培されているものだけで成り立っている種も多い．この章では，栽培種の学名について考察しているが，そのような園芸品種群の種名に種小名として安易に×*hortensis* を用いない．すなわち，雑種起原とは考えられない場合の学名はこれまで通りで，例えば，トウモロコシおよびレタスの品種の種名はそれぞれ *Zea mays* および *Lactuca sativa* とし，野生種の耐病性など有用遺伝子を導入するため，種間雑種に，作物種を繰り返し戻し交雑して必要な遺伝子を獲得した品種が育成されている時にも作物種内の品種に戻った（第4章）と考えて種の学名は，従来の作物の種名を学名として用いる．

　一方，正常に子孫が残せる雑種起原の作物で，どちらか一方の親の名前を付けることができない場合には×*hortensis* を用いてもよいが，すでに学名の付けられている作物には用いない．例えば，アブラナとクロガラシ間の雑種起原で複二倍体となって稔性が回復しているカラシナの学名には×*hortensis* を用いず，従来の学名に，雑種起原である事を表わすため×を加えて *Brassica* × *juncea* とする．学名の混乱を最小限にしたいからである．

　複数の種間で複雑に交雑が行われてできた品種など属すべき種名を表わすことができない場合には，ラン科植物の *Calanthe* spp. やツバキの *Camellia* spp. のように種小名のない学名で表わされてきた．この章では，そのような植物にも学名（種小名）として×*hortensis* を与えることを考察した．これまでも園芸品種群に *hortensis*

という種小名 Specific epithet を与えることもあったが，その根拠は論理的でなかった．雑種起原でない園芸品種の学名には野生種の学名を用い，安易にこの種小名を与えない．また，明らかな雑種起原で戻し交雑が進んでいない品種群の場合だけ与えることとするので，種小名に雑種起原であることを表わす×を必ず付けることとする．野生種がなく，栽培されている品種だけの種に対し，栽培種であることを表わす sativa などの種小名と同様に「園芸作物の」という意味で，hortensis を用いることに命名法的には問題ないが，安易にすべての園芸品種群に学名としてのこの種小名を与えるべきでない．原則的に hortensis を用いることを一度廃止し，明らかに雑種起原で正しい種名を持っていない栽培グループに対してだけ種小名として× hortensis を与えることとする．雑種起原であることが明らかであっても同属に× hortensis が他の品種群に使われていたり，すでに適当な種名が与えられたりしている時には× hortensis にこだわることはないものとする．

　このように× hortensis という学名は安易に用いないようにする．この原則で考察すると種小名に× hortensis を付けることのできる作物はそれほど多くは見当たらない．以下に著者が 40 年近く研究してきたツバキ属植物を例に雑種起原の品種群の学名を提案する．

ツバキ園芸品種の再分類
（例1）ツバキの学名，和名について
　ツバキの園芸品種も多くは，種子を播いた時の形質の分離などから種間雑種起原であると考えている．それな

のにツバキの園芸品種の学名は，ヤブツバキの学名と同様 *Camellia japonica* と書かれ，標準和名はヤブツバキとされている．著者は，ツバキの園芸品種が雑種起原であり，しかもその多くは戻し交雑により野生型のヤブツバキに戻ったものではなく，種間で成立した名花が品種として増殖され，またそれらの品種間の交雑で変異が拡大したものと考えている．ツバキの園芸品種が雑種起原である証拠として，まず，園芸品種のツバキでは，実生をすると多くの形質について分離が見られる．これは種間あるいは遠縁の変種間でよく見られる現象で，単なる野生のヤブツバキの種内変異とは思えない．そこで，園芸品種のツバキの来歴を考える時，研究材料として肥後ツバキを考えた．肥後ツバキがツバキの園芸品種の起原に重要な役割を果たすものと考えていたからである．野生のヤブツバキがトランペットのような一重の花形であるのに対し，園芸品種は一重のものでも花弁が厚く平開咲きのものが多いなどいろいろな点で大きく異なる．これらの形質のいくつかは，ツバキ品種の中でも特異的なグループを作っている肥後ツバキ品種群と共通性が多く，ヤブツバキとは少ない．肥後ツバキは一重であるが，雄蕊が梅芯と呼ばれるヤブツバキにない特徴を肥後ツバキ品種群内に共通に持っているだけでなく，平弁で花弁が厚く大輪などツバキの園芸品種に見られる特徴を多く有している．

　肥後ツバキは，熊本にもともとの起原がある訳ではない．細川藩の江戸屋敷のあった白銀（しろがね）の植木屋文助が所有していた30品種のうち天保12年（1841）に山崎貞房が 'おそらく'，'八橋'，'蜀紅'，'笑顔'，'日本錦'（やまとにしき），'太

田白'，'紅梅'など12品種を熊本に導入されたのが始まりで，これらの品種から実生や枝変わりで育成されたものである．ちなみに肥後ツバキの代表の一つである'熊谷(くまがい)'は京都など日本各地に古木が存在し，明らかに現在のトウツバキに似た'唐ツバキ'や肥後ツバキに似た'朝鮮ツバキ'の名前が江戸時代の古書の中に現れる．また，『百椿図』など江戸初期のツバキの図譜に見られる品種には，ヤブツバキタイプのものはなく，八重の品種に混じって書かれている一重咲きのものもすべて大輪平開咲きで，筒芯のものより梅芯のものが多いなど肥後ツバキに近いものも多い．肥後ツバキのこのような花の特徴や葉のレンズ構造の特徴から肥後ツバキの片親はユキツバキという説もあったが，他の形態などを総合的に判断するとユキツバキとは思えない．著者は，中国産のセッコウベニバナユチャあるいはトウツバキのような花弁が厚く平開咲きのものが関係しているものと考えている．もちろんツバキの園芸品種は中国産の野生種だけに起原があるものではなく，葉の形質，特にツバキ属ではヤブツバキだけに特異的に存在する葉の裏の褐点が肥後ツバキのどの品種にもあることなどから考えて，日本のヤブツバキが片親であることも間違いない．

　肥後ツバキの古い品種に三倍体が多く存在した．肥後ツバキ50品種を調べたところ，その中の15品種が三倍体で残りは二倍体であった．三倍体は二倍体の実生から現れることもあるが，これほど発生頻度が高いことはあり得ない．そこで，三倍体が多く存在する理由について二つの仮説を立てた．その一つは，トウツバキのような中国産の六倍体の種と二倍体のヤブツバキとの四倍

体の雑種を経由して三倍体が形成されたとするもので，もう一つは，著者らのレタスと同属同節のL. salignaとの二倍体同士のF₂世代で15％前後の三倍体が得られたようにセッコウベニバナユチャのような二倍体の種とヤブツバキとの種間雑種のF₂世代で三倍体が形成されたとするものである．肥後ツバキに三倍体が多く存在する理由として，この二つの説しか考えられず，いずれの仮説であっても種間雑種起原であることは間違いない．そこで，中国産の片親として著者が考えた候補は，現在知られている*Camellia*属の種の中では，二倍体の場合セッコウベニバナユチャで，六倍体の場合一重のトウツバキのようなものであった．両種とも*Camellia*節に属するヤブツバキと近縁の種で，花だけで見るとツバキの多くの園芸品種，特に肥後ツバキはヤブツバキよりもこれらの2種に近い形質を示すと言っても大げさではない．ただし，ツバキの園芸品種の葉の形質については，ヤブツバキだけに特異的に存在する葉の裏の褐点だけでなく，見た目でも中国産のツバキよりもヤブツバキに近いものが多い．

　そこで，分子生物学の手法で親探しを試みた．ヤブツバキと一重のトウツバキ間の相反交雑ではヤブツバキを種子親にした時にだけ実生が得られ，逆の場合には果実しか得られず，ヤブツバキが親の一つであることは明らかであるので，最も有効な手段と考えていた葉緑体ＤＮＡの分析で一重のトウツバキの影響を調べることはできない．そこで多型の多いＳＳＲ領域を用いたＤＮＡ分析を行って系統樹を作ったところ，肥後ツバキの三倍体品種の近くにトウツバキもセッコウベニバナユチャも存在

した．繰り返すが，肥後ツバキに三倍体が多く存在する理由として，前述の二つの説しか考えられず，いずれの仮説であっても種間雑種起原で片親がヤブツバキであることは間違いなく，もう一つの親としてトウツバキあるいはセッコウベニバナユチャのような中国産ツバキ節の六倍体の種あるいは二倍体の種の可能性が示唆された．ただし，トウツバキとの交雑では肥後ツバキの雄蕊の数が多くて散開する特徴が生まれるとは思えず，この点ではセッコウベニバナユチャの可能性が強いが，六倍体の場合トウツバキの種内変異，あるいはそれらの極近縁種を考えている．

　古書のツバキ図譜に見られる一重の花には，雄蕊が弁化する唐子咲きあるいは旗弁(はたべん)と言われる花形が多い．この形質は，一重を重んじる肥後ツバキ品種では排除されるが，肥後ツバキによく現れる形質で，雑種起原であるが故に雄蕊など生殖器官に現れた異常だと考えられる．日本では雄蕊が弁化する唐子咲きを一重と考えることも多いが，この他，ツバキにはいろいろなタイプの八重咲きが存在する．ツバキ属植物は被子植物の中では原始的な形質を持っており明らかな萼が発達しておらず，包葉が萼の代わりをするために萼包と呼ばれる．その萼包の一部が弁化する半八重咲き，弁化する萼包が増える八重咲き，花弁の分化が継続して雄蕊を分化しない千重咲き，雄蕊の分化後に再び花弁が分化する段咲き，雄蕊と花弁が混じり合う割り蕊，などである．これらの花の八重咲きの特徴から品種群を分けることが実用的なツバキの品種図鑑では行われている．これまで述べてきたことから品種群は人為分類的な要素もあるので実

用性から品種群名を与えてもよいと思うかも知れない．しかし，学名としての命名は，品種群名であっても生物学的要素を重んじるべきである．カブとハクサイのように品種群間でほとんど交雑育種が行われず，隔離が働いている時だけ品種群として分けるという観点を含め，これらのツバキの品種は起原が同じでジーンプールを共有し，実生で花色や花形の色々なものが分離するので，明らかな品種群を作る肥後ツバキ以外は品種群として分けないこととする．

　そこで，園芸品種のツバキをヤブツバキ *C. japonica* L. から区別して学名を *Camellia* × *hortensis* T. Tanaka, sp. nov. と命名し，肥後ツバキをその中の品種群として *C.* × *hortensis* scv. *higoensis* T. Tanaka, scv. nov. と命名する．×はこれまで同様の雑種起原を表わす分類学的な命名法で，新規ではなく，著者はハルサザンカがサザンカとヤブツバキの雑種起原であることを細胞遺伝学，形態学的諸特徴，アイソザイム分析，ＤＮＡ分析，交雑による実証的実験，古文献などから明らかにした上で，その学名を *Camellia vernalis* Makino から *Camellia* × *vernalis* (Makino) T. Tanaka *et al.* に改名を行った．これまでツバキの園芸品種の和名はヤブツバキということになっていた．これも一般に用いられているように野生あるいは野生型のものをヤブツバキ，園芸品種をツバキとする．また，ツバキの品種をすべて *C.* × *hortensis* とするのではなく，例えば白花一重の品種で花の形など明らかにヤブツバキの突然変異でできたと考えられるものの学名は *C. japonica* のままとし，また明らかに異なる組み合わせの雑種起原の品種群には別の種小名を与える．

（例2）トウツバキの学名について

　野生にはなく園芸品種だけと考えられていた八重の大輪で豪華なトウツバキは，中国の雲南省に野生する一重の種 *C. pitardii* var. *yunnanica* から生じたものとして統合されて *C. reticulata* Lindley とされるようになった．確かに *C. pitardii* var. *yunnanica* が野生種の中ではトウツバキに最も近いことは間違いないが，実生で分離が見られることなどから判断して単なる種内変異とは思えない．そこで，ツバキの園芸品種と同様にトウツバキを種間雑種起原と考えて *Camellia* × *reticulata*（Lindley）T. Tanaka, sp. nov. とする．このように，同属内に二つ以上の雑種起原と思われる品種のグループがある時には，どちらか代表的なものに種小名として × *hortensis* を与え，*Camellia* 属のすべての園芸品種を *C.* × *hortensis* としない．一方，トウツバキの片親と考えられる野生種は *C. pitardii* var. *yunnanica* に戻したいが，*C. pitardii* の基本種 *C. pitardii* var. *pitardii* と var. *yunnanica* は，形質がはっきり異なるだけでなく，分布地域が異なり，倍数性がそれぞれ二倍体と六倍体で異なることから別種に分けたい．*C. pitardii* var. *yunnanica* を var. *pitardii* から分け，また，似た名前で *C. yunnanensis* という種があるので，*Camellia yunnanica* T. Tanaka, sp. nov. と命名する．

（例3）ワビスケの学名について

　ワビスケ品種は，雄蕊の退化など雑種としての特徴およびヤブツバキより鋸歯が粗く厚くて固い葉やピンク色の花色素などの *C. pitardii*（= *C. pitardii* var. *pitardii*）と似た特徴を持つ（Tanaka ら，2001）．また，'胡蝶侘助'

が『花壇地錦抄』に記載されたのが，1695年であるので，江戸時代の文献，古木の樹齢などからワビスケは1600年頃に成立したものと考えられた．寛永（1624～1643）のツバキブームでは，ヤブツバキと中国産のツバキとの雑種と考えられる園芸品種のツバキがたくさん作出されていることから外国との貿易が盛んであったそれ以前の16世紀後半にトウツバキ，*C. pitardii* あるいは *C. yunnanica* などの中国産のツバキの原種が日本に導入されたものと考えられる．千利休（1522～1591）が現れ，盛んになったお茶会でのお品書きに'ウスイロツバキ'というものが見られるが，桃色の花を咲かせるワビスケあるいは原種の *C. pitardii* が用いられていたのかも知れない．この後の400年間で20品種以上のワビスケ品種群が成立した．その中にあって'太郎冠者'はヤブツバキと *C. pitardii* の中間の形質を示し，日本各地にある古木から偶発的に実生が得られ，実生からは'胡蝶侘助'のように雄蕊の退化したものなどが分離して得られることが知られている．そこで，著者（2001）は'太郎冠者'が *C. pitardii*（= *C. pitardii* var. *pitardii*）とヤブツバキ間の F_1 雑種で，'胡蝶侘助'およびその他のワビスケ品種はその後代であると発表した．このように，ワビスケ品種群はツバキの園芸品種群ともトウツバキの園芸品種群とも異なるので *Camellia* × *wabiske* (Kitam.) T. Tanaka と命名した．

（例4）新しいツバキ品種群の学名について

　ツバキ属の野生種起原で来歴のはっきりした品種群もある．中でも種名 *C.* × *williamsii* と名付けられた品種群

は 1940 年頃イギリスの貴族 J. C. Williams により中国産のサルウィンツバキ C. saluenensis と園芸品種のツバキ C. × hortensis 間で作られた約 90 の品種群で，容易にツバキの品種とは区別が付くので，C. × hortensis 内の品種群ではなく，これまで通り別種の C. × williamsii とする．ただし，近年，C. × williamsii とツバキ C. × hortensis 間で交雑が行われ，さらに区別が付かなくなりつつある．

　アメリカ農務省にいた W. L. Ackerman 博士が 1968 年に作出したユキツバキと白花小輪で香りの強いオキナワヒメサザンカ C. lutchuensis との交配である 'Fragrant Pink' は香りが強いだけでなく，小輪のピンクの八重咲きの花であるが，節の異なる比較的遠縁の種間雑種であるため F_1 ができにくいだけでなく，得られた F_1 の稔性も低いので品種群を作ってはいない．同様に Sawada が 1961 年にツバキ品種 '曙' C. × hortensis 'Akebono' とシラハトツバキ C. fraterna 間で作出した 'Tiny Princess' や，Williams が作った C. saluenensis × C. cuspidata 間の雑種である 'Cornish Snow' なども育種親として期待されていたが，若干の後代の品種が得られているだけである．これらの品種の分類学的命名は種間雑種としてそれぞれ C. rusticana × lutchuensis Ackerman cv. Fragrant Pink, C. × hortensis cv. Akebono × fraterna Sawada cv. Tiny Princess および C. saluenensis × cuspidata Williams cv. Cornish Snow とする．

（例 5）サザンカの四つの学名について
　一方，サザンカの仲間は少し複雑で，日本だけでな

く，世界中でサザンカの分類は混乱している．日本でサザンカと言われているものは四つの近縁種のグループの総称で，狭義の野生型サザンカ Camellia sasanqua Thunb. の品種群，ハルサザンカ C. × vernalis (Makino) T. Tanaka et al. の品種群，カンツバキ C. hiemalis Nakai の品種群および'田毎の月'を代表とするユチャ C. oleifera Abel の品種群があり，栽培されているサザンカの中に C. sasanqua，すなわち，野生型のものは少ない．

著者は，これまでハルサザンカとカンツバキの二つの種は栽培種で野生にはなく，ハルサザンカは，六倍体のサザンカ，$2n = 6X = 90$ と二倍体のヤブツバキ，$2n = 6X = 90$ 間の交雑でできた雑種起原の種であると報告した．形態的特徴と染色体数から，ハルサザンカは種内にサザンカとヤブツバキの中間の染色体を有する四つの品種群，すなわち，$2n = 4X = 60$ の'凱旋'型四倍体品種群，$2n = 3X = 45$ の三倍体品種群，$2n = 4X = 60$ の'笑顔'型四倍体品種群，$2n = 5X = 75$ の五倍体品種群に分類した．

一方，'獅子頭'を代表とするカンツバキの品種群は，11月から2月にかけて半八重，獅子咲き，八重咲きの花を咲かせる．カンツバキという名前はツバキを連想させるが，花弁も雄蕊も1枚ずつ散り，ハルサザンカよりサザンカの特徴を多く持っている．岐阜県など中部地方に古木が数多くあり，全国で広く栽培されている．また，染色体数は'獅子頭'が七倍体 $2n = 7X = 105$ で，六倍体のサザンカ，$2n = 6X = 90$ より多いものが多く，狭義のサザンカとの間で容易に雑種が得られ，カンツバキの実生には紅花のものや八重咲きのものも多く見出され

ている．これらのことから，著者は，八重や紅花サザンカで，葉や花弁の幅が広く厚いものは，*C. sasanqua*，すなわち狭義のサザンカではなく，*C. hiemalis*，すなわちカンツバキの仲間であると考えている．

　カンツバキは，ヤブツバキの持つ赤い色素 Cyanidin 3-monoglucoside を持つことなどからハルサザンカにサザンカが戻し交雑してできた種であると考えている．ただし，六倍体のサザンカが四倍体の F₁ 雑種に戻し交雑を繰り返し，五倍体，五～六倍体の間の染色体数を持つ異数体を経由して六倍体に復帰すると考えるより，1）カンツバキの形質がハルサザンカの三倍体に近いこと，2）三倍体は結実が極めて悪いが減数分裂の異常のため得られた実生の中に六倍体が存在したこと（箱田），などから二倍体のツバキの遺伝子を 50％持つ三倍体から生じたものと考えている．その後六倍体のサザンカとの戻し交雑があったかも知れないが，サザンカの自生のない中部地方ではカンツバキの品種間の交雑でカンツバキの品種群が成立したものと考えている．したがって，分類学的な品種の分類（第 4 章）の中で考察した戻し交雑による雑種から種へ復帰も十分になされていないためカンツバキについてはこれまで通りサザンカとは別種扱いとする．

　一方，熊本にある肥後サザンカと呼ばれる品種群は，山崎貞嗣が京都から持ち帰った種子から明治 12 年に作られた '大錦' が最初の品種で，その後 '奈良の都' や '明行空' などが発表された．肥後ツバキと同様，一重で大輪，雄蕊の美しさを重んじるのが原則で最初の品種 '大錦' が今でも肥後サザンカの理想とされるが，肥後六花

の中では例外的に八重咲きの品種も多い．広義のサザンカの品種の中で肥後サザンカの43品種は際立った存在であるが，他のカンツバキの品種と比較した時，明らかな相違点もなく，その変異の中に入れることができ，染色体数も100を超える異数体が多い．したがって，種としてはカンツバキ C. hiemalis と考えている．ただし，肥後サザンカは肥後ツバキの場合と異なり，カンツバキの中の品種群として区別する必要はない．

　ここで，肥後ツバキと肥後サザンカを特に取り上げて説明したのは品種群として学名を付ける必要があるかどうかのサンプルとして適当と考えたからである．すなわち，熊本という地域で育成されたグループという歴史を持っていても，肥後ツバキのように本種と区別が付く明確な特徴を持っていれば品種群として分類し，肥後サザンカのように持っていなければ品種群として分類しないこととする．また，品種群とはもともと人為分類であるので，何らかの区別が付けば園芸図鑑などで花色や八重性などにより赤花品種群のように品種群を区分してもよいが，この本で扱っている学名として品種群名を与えるのには適さない．

　そこで，広義のサザンカの学名は，四つの種に分けて，ほぼこれまで通りとする．すなわち，狭義の野生型サザンカを Camellia sasanqua Thunb. に，ハルサザンカを四つに分けて'凱旋'型四倍体品種群 Camellia × vernalis (Makino) T. Tanaka et al. scv. tetraploid, scv. nov., 三倍体品種群 C. × vernalis scv. triploid, scv. nov., '笑顔'型四倍体品種群 C. × vernalis scv. superba, scv. nov., 五倍体品種群 C. × vernalis scv. pentaploid, scv. nov. に，カンツ

バキを *Camellia* × *hiemalis* (Nakai) T. Tanaka, sp. nov. に,およびユチャを *C. oleifera* Abel にする.

第10章　品種の固定と弱勢化
Inbreeding Depression of Cultivars

　第1章では，種を同所的に存在した時，自由に交雑が行われ，その子孫の稔性も高いもの，すなわち，ジーン・プールを共有できる生殖的隔離のない分類的群とした．また，第5章では生殖的隔離の側面から変種と種の境界を考察した．地理的隔離や季節的隔離で変種が生じ，それが種の違いへと発達して行くことは以前より考えられている．ここでは種内の変種であったものが別種へと分化する過程を考え，変種と種の違いについて詳しく考察したい．

　「ある個体」を中心に変種内，種内，属内および属間の関係にある個体との雑種の活性を第10－1図に示す．その違いの段階は劇的に生じるように考えられる．種内の範囲であれば，ある程度遠縁の雑種の方が雑種強勢 Hybrid vigor を示すのに，一方，種として分化を進めれば逆に雑種あるいはその後代の生存能力および生殖能力が急激に低下する．この傾向は，特に動物に顕著に見られるが，植物でも同様である．著者は，この段階，すなわち，種内変種から別種への進化段階は，隔離により生じた変異の蓄積が遺伝子座の違いに発展した時だと考える．もちろん一つの転座で種が成立すると考えてはいない．つまり，種内の変異であれば，ある程度遠縁の雑種の方が雑種強勢を示すのはヘテロシスによるものである

のに対し，染色体内での転座や染色体を越えての遺伝子の乗り換えなどにより対立遺伝子の関係や相同染色体の関係が消失しF$_2$世代で重要な遺伝子の欠落による致死効果が生じることが生殖的隔離の原因になった場合であると考えている．

第2章で，種子繁殖の品種は実用に困らない程度に形質が遺伝的に固定されていなければならないと述べたが，固定化するためには自殖（内婚）Self-pollinationを行っていかなければならない．この過程では，もちろん優れ

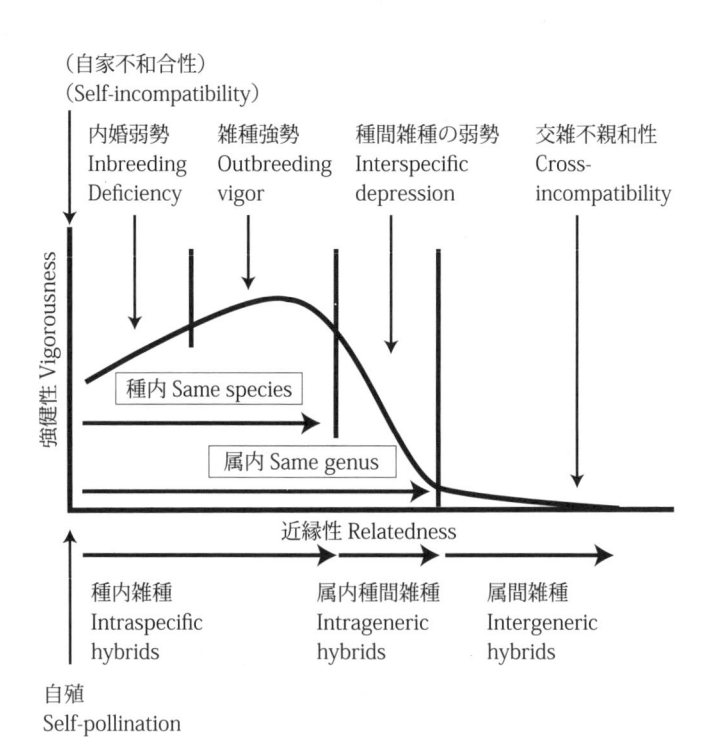

第10-1図．自殖，種内雑種，種間雑種および属間雑種で見られる実生の強勢化あるいは弱勢化現象．

たものを選抜していくのであるが，それでも遺伝的に変異が少なくなっていく代わりに弱勢化が起こる．いわゆる内婚弱勢 Inbreeding depression である．この内婚弱勢を防ぐために自家不和合性などを獲得した種も存在する．反対にある程度遺伝的に異なった系統間の交雑により雑種強勢 Hybrid vigor = Outbreeding vigor が見られる．雑種強勢とは雑種第一代がその大きさ，耐性など生活力 Viability, Vitality の点で両親の形質の中間を上回ることを言うが，その中でも両系統をしのぐことを特に超優性 Super-dominance と言い，異型接合体 Heterozygote の多いことが雑種強勢を生じるヘテロシス Heterosis という機構になっている．このように，まったく同じか極めてホモの遺伝子構成を持つもの同士の実生より種内のある程度遠縁の個体との雑種の方が強勢であるが，種のレベル以上に近縁性が離れると弱勢化 Interspecific depression が始まり，別属の植物間では雑種ができなくなること Cross-incompatibility は興味深い．

　したがって，ダイコンなどの在来品種があまり固定していなかったのは，この点からも正しかったのである．一方，近年では固定した系統間の交雑により遺伝的にはヘテロ接合体であるが，すべての個体が同様なヘテロ性を持つので，形質的には個体間に変異が少なく雑種強勢で栽培しやすい F_1 種子が一般的になっている．しかし，イネやレタスでは，F_1 種子の生産はあまりなされていない．それは，イネやレタスが種としてもともと持っている自殖をするという性質があるためで，自殖をする植物で F_1 種子を商業的に生産するのは困難であった．ただし，雄性不稔株 Male sterile の発見によりもともと自

殖植物であっても F_1 品種の種子が生産できるようになった．逆に，F_1 種子の採集が普及しているのはトウモロコシやダイコンのようにもともと他殖をする作物である．このような作物では雑種強勢を生み出すためとは言え，F_1 品種の形質の固定のためには親系統の固定が必要であり，そのためには内婚を繰り返すか，倍加半数体 Doubled haploid を作る方法を取らなければならず，親系統の内婚弱勢を余儀なくされている．また，F_1 品種の種子採種には，自家不和合性を利用しているのであるが，自家不和合性を持つ作物では，自殖ができないため，蕾受粉や二酸化炭素施肥などを行って自家不和合性を打破して自家受粉したり，近い系同士で交配を繰り返して固定系統を育成している．

野生種における自殖性と他殖性

　変異の多い在来型の品種の育成は，野生種にすでに存在していたもので，そのヘテロ接合性 Heterozygosity を生み出すのは，自家不和合性など自殖を避ける機構により維持されてきた．言い換えれば他殖とはヘテロ接合性を確保するための機構である．その機構として最も優れているものは雌雄異株 Dioecism で，この機構を持つ植物は太平洋に多く，ハワイでは 27% に当たる 405 種が雌雄異株を示す．また，両全（性）花 Hermaphrodite の植物でも雄性不稔の他，雌雄異熟 Dichogamy を示す植物も多い．他殖をすることにより群内の変異の幅を広げ，少しずつ異なった環境に適応する個体を準備して置くだけではなく，遺伝子にヘテロ性を多く持つことが生活力を高める．

ヘテロシスがなぜ生活力を高めるのか，その機構については（1）遺伝子の相互作用 Gene interaction により表現されないと考えられている劣性の遺伝子も生活力や環境変化に対する植物の適応性を高める可能性，（2）両親に分かれていた生活力の強い優性遺伝子が雑種第一代において共存することにより劣性の劣悪遺伝子を補う可能性，（3）酵素などのレベルで調べた場合に共優性の遺伝子も多く，ヘテロで存在する両方の遺伝子が生活力に関係する可能性，などが考えられる．また，生活力は環境との関係で同じ遺伝子を持つものでも相対的に変化する．一つ一つの個体を取り巻く環境は，温度，日照量，乾燥の程度，斜面の傾き，周囲の植物などの違いにより微妙に違っており，これが年により異なり，その環境に傾きがある時もある．これらの環境変異に対応し，比較的広い環境の中で他の種との競合に勝つためにもヘテロ性は役に立っていると考えられる．

　被子植物がハナバチとの共進化で進化したことを考えると，一般に，高等植物には他殖性のものが多く，また，ヘテロシスという機構を生じる他殖は繁殖戦略として有利であると思える．しかし，一方では，自殖性でホモの遺伝子を多く持つ植物もある．イネなどの自殖作物はよく環境に適応した植物の持つ繁殖方法だと考えられている．照葉樹林の下の薄暗い林床，竹林，落葉樹の下の比較的明るい林床などそれぞれに適応した植物が存在するが，これらの環境は植物が作る環境でもある．イネなど自殖により均質な群落という生物環境を自ら作り出し，それが種間の競合に有利となるのかも知れない．この他，閉花受精 Cleistogamy を行う植物もある．日本で

は数種のスミレ科の植物が夏期に行うものが有名で，キク科植物などにも見られる．ハナバチとの共進化が最も進んだ形態と考えられているラン科植物でもコウトウシラン *Spathoglottis* 属など数多く見られる．このような現象も繁殖戦略として敢えて遺伝子のホモ化を選択した自家受精と同じような働き，あるいは現象であると考えると分かりやすい．見方を変えると花粉等を生産するコストを抑えると言う繁殖戦略にもなっており，利己的遺伝子 Selfish gene にとってもある意味合理的である．

　相対的なものもある．染色体数や乗り換え（交差）Crossing-over が少ないと変異の幅が少なくなり，種内の個体間に微妙な変異が少なくなる．すなわち，自殖的な傾向が強くなる．また，木本類のように 1 世代の長さ Generation time が長いと自殖性が高くても遺伝子のホモ化，固定化に時間がかかる．すなわち，一度他殖すればヘテロ性が長く残る．また，集団の大きさ Population size が小さかったり，個体の密度が少なく，同種の個体と地理的に離れていたりすれば自殖率が高くなり，ホモの個体が増える．ただし，花粉媒介者 Pollinator がハチドリ，メジロのような鳥や風であれば，昆虫より遠くまで花粉を運び，交雑が可能となる．

　このように植物は他殖というヘテロ接合性を生み出す機構と自殖という優れた形質のホモ化を促進する機構とを元来持っており，両全花の植物ではどちらも可能である．しかし，実際には多くの植物は主に他殖をする種と自殖をする種に分けられ，自殖も他殖も同じくらい行う植物は少ない（矢原，1995）．自殖性か他殖性か等の植物の持つもともとの性質を知ることが，品種を理解し，

維持することに役に立つ．

　また，シバなど栄養生殖 Vegetative reproduction で均質の集団を作るものもある．ある自然環境に最も適応した遺伝子構成を持つ植物が出現すれば，利己的遺伝子にとって栄養生殖が最も優れた繁殖方法であるものと考えられる．その自然環境が広く存在し，その変異を乱さない増殖方法があれば，種子により変異を生み出す必要はないからである．

　自然界でこのように主に栄養生殖で個体を増やす植物も多い．以下にその一部の例を示す．イチゴ，ヤマノイモ，ハス，ニホンシバのように種子だけでなく，ランナー，Stolon，肉芽（むかご）Cormlet，地下茎によっても繁殖するもの，オニユリやヒガンバナのように三倍体のため種子ができず，鱗芽（むかご）Bulblet や分球などの栄養生殖により増殖しているもの，タケのように稀に種子を着けるが普通は地下茎により増殖するもの，ノビル，ヤブカンゾウのように二倍体であるが種子を着けることはなく分球や木子で増えるもの，などがある．これらの生殖方法はアポミクシス Apomixis（無融合種子形成，無配偶生殖）と言い，この他，一部のシダ植物のようにアポガミー Apogamy（無配生殖）をするもの，ニラ，セイヨウタンポポ，キイチゴ，ヤブマオの仲間のように受精をしないで種子生産をするアガモスパーミー Agamospermy（無受精種子形成）で増殖するもの，などがある．アガモスパーミーの中で，特異なのは，タンポポ，ヤブマオのように三倍体から三倍体が生じる現象で，非還元（非減数）の三倍体の卵が受精せずに発生して種子になる（矢原，1995）．著者らが西表島で研究したナリヤランの場合もすべて三倍体

で，それらの自然実生も三倍体であった．また，ミカン類の多くやマンゴーで見られる珠心細胞などによる多胚現象 Polyembryo は，無配偶生殖 Sporophytic apomixis の一つである．

作物の中には，このような自然界で見られる栄養生殖を，そのまま品種の維持，増殖に利用しているものも多い．一方，自然界ではほとんど行われないが，農業では，もともとの性質として持っている植物の形質を利用して品種の繁殖 Propagation を行っている．例えば，挿し木，接ぎ木，取り木，根伏せ，株分け，葉挿し，分球，鱗片挿し，などである．また，無菌的な組織培養，プロトプラスト培養なども加えて，挿し木や接ぎ木などによる増殖は，生物学的に言えば植物の繁殖戦略と異なる．自然界で行われているアポミクシスと比較して，人間の行為による挿し木や接ぎ木なども広い意味のアポミクシスではあるが，区別されずに使われている場合が多い．自然界で行われているものを栄養生殖 Vegetative reproduction，人為的なものを栄養繁殖 Vegetative propagation とはっきり区別すべきである．これらの栄養繁殖による個体の増殖では，親の遺伝子をそのまま残すことになるが，自殖と異なり遺伝子のホモ化が進むこともなく，ヘテロ性を多く持って優れた個体を栄養繁殖で増やしていることも多い．

ヘテロ性の固定

このように，植物のヘテロ性とホモ性は，相反するもののように見えるが，これらのものに対する理解と知識は農業上重要で，新しい発想での品種の維持や育成を生

むものと考えられる.

　種子繁殖は,貯蔵性,取り扱いなどが簡単で増殖のための手段として最も有効な方法と考えられてきた.しかし,種子繁殖では個体間に多かれ少なかれ変異があり,この変異を少なくするため弱勢化を承知で自殖を繰り返したり,半数体を作ったりしてそれを倍加することが試みられてきた.アブラナ科のように元来は他殖性の作物でも二酸化炭素施肥や蕾受粉 Bud pollination による自家不和合性の打破などで自殖を行い,品種内の変異を少なくしている.

　一方では,雑種強勢を生むため F_1 品種が増えてきている.イネのように環境にマッチした植物は,自殖で種の安定性が得られたのであろうが,固定されていることが有利だと考えられていたこの種でも F_1 種子の重要性が見直されている.

　F_1 種子は固定化した系統間の雑種で,したがって,ヘテロ性は高いが個体間には均質性があり,F_2 世代で分離することも種苗会社には有利であり,広く普及している.しかし,F_1 種子の生産には,親系統の固定に時間がかかることなどの問題点がある.ヘテロ性個体の維持増殖には,栄養繁殖かそれに近い繁殖方法があればよい.比較的古くからイチゴ,カーネーション,宿根カスミソウなどでは,ウィルス・フリー Virus Free 株やメリクローン Mericlone 苗が普及し,微粒種子で一般の種子繁殖が困難なラン科植物では試験管内で無菌播種がなされてきた.さらに,果樹や花木だけでなく,従来,種子が販売されてきた野菜や花の種子でも成形 Plug 苗の生産・販売が産業として成り立っている.また,種子繁

殖の作物でもF₁種子生産から親と同じ遺伝子を持つ苗を生産するクローン品種生産へと変わる可能性が考えられる．例えば，種子の単価が高く，発芽の悪い種なし三倍体スイカなどでは茎頂培養技術を用いた大量増殖Micropropagation，レタスなどでは不定胚形成による人工種子Artificial seeds，また，イネでは無配生殖の機構を用いた種子生産などである．

　雌雄異株の植物は人間と同じように雄株がヘテロ，雌株がホモの性染色体を持つものが多い．そこで植物の場合も雄株の性染色体はＸＹ，雌株の性染色体はＸＸで表わされる．雌雄異株のホウレンソウでは，花芽分化・抽薹(ちゅうだい)すると商品価値が無くなるので抽薹の遅い雌株が好まれ，雌雄異株のアスパラガスでは花や果実が着かない株は収量が多いので雄株が好まれる．雄株だけを安定的に作るにはＸＸ×ＹＹをすれば良いことは容易に理解できる．ところが，ＸＸの雌株は手に入ってもＹＹの雄株は自然界に存在しない．そこでアスパラガスでは花粉四分子期Pollen tetradより進んだ葯からの半数体の若い花粉を培養し，倍加して倍加半数体の超雄性Super maleの雄株ＹＹを作り，雌株ＸＸにその花粉を交配して雄株ＸＹだけのＦ₁種子が作られている．もちろんアスパラガスの場合，雄株の茎頂から無菌的にメリクロン苗を生産することも可能であるが，生産コストの面から超雄性を用いたＦ₁品種が普及し始めている．

第11章　品種登録および同定
Registration and Identification of Cultivars

　植物新品種育成者の権利を保護することにより、多様な新品種の育成を活発にするための国際機関としてスイスのジュネーブに The International Union for the New Varieties of Plants（UPOV）があり，1961年に成立し数度の改正がなされてきた「植物の新品種の保護に関する国際条約（UPOV条約）」に多くの国が批准している．日本でもUPOV条約に基づき種苗法を中心に品種登録制度が施行されている．法律や品種登録の詳細は，インターネット上で見ることができる（http://www.hinsyu.maff.go.jp/）ので省略し，ここでは，概念的な説明を行う．

　品種の登録は，記載などを詳細に統一しないと社会的な混乱を起こし，新品種育成者の権利を脅かすことになる．ただし，植物（作物）毎に調査項目のガイドラインを作るのには大変な労力がかかる．例えば，ダイコンであれば地上部の形質や花芽分化，抽苔など生態に関する項目以上に，根部の形質に関する項目が重要で数も多いのに対し，トマトでは果実の形質が，ツツジなどの花木では花の大きさ，色，斑入りの有無など花に関する項目が多い．このようにそれぞれの植物（作物）により調査項目が異なるからである．同じ植物（作物）でも，それまでの調査項目では区別が付かない形質の品種が現れた

り，国により用途が違うことなどから調査項目が異なったりする．また，同じ *Beta vulgaris* L. という分類学的に同じ種で植物としては似ていても葉菜類として発達したフダンソウの品種と，砂糖を作るための作物として発達したテンサイ（＝サトウダイコン）の品種とでは，糖度など調査項目が異なる．また，ラン科植物では属間雑種が多く，サンダーズリスト Sander's list などにより親の組み合わせなど来歴が詳細に分かっている品種も多いので他の植物とは異なった命名法がとられている．

　調査項目が多すぎることは実用的でないし，調査できない項目も増えてくる．例えば，Liら（2008）はＵＰＯＶによる「Test guidelines in the 40th technical working party of ornamental plants and forest trees（ＴＷＯ）」のモデル植物としてツバキ品種の区別点，均一性および安定性に関する国際ガイドラインを提案している．ツバキでは，類似した品種が多く，同定の困難な品種も多いので，厳密な記載が必要である．その点，この国際ガイドラインはとても良くできている．しかし，登録する立場からは，項目が多すぎると何千という数の品種の登録がすべて正確にできるとは思えない．また，花の大きさ，斑入りの状態，八重咲き品種の花弁数，開花期などは，樹齢，開花時期，肥料，年，栽培地の気候などにより変わるので樹齢などが決めてある場所で作らなければならないし，剪定をしないで大きくなった時の樹形の調査などで面積のいるツバキでは現実的には行えない項目も多い．

　このように，一つの植物の Test guideline を作るのでさえ煩雑なので，ＵＰＯＶで認可された Test guideline が存在するのは 240 の植物に過ぎない．調査項目は植

物に応じて必要最小限にとどめるべきである．しかし，植物新品種育成者の権利を保護するために，品種の識別，同定は必要不可欠なことでもある．

　ツバキやラン科植物のように栄養繁殖による品種では極めて類似した品種であっても，また，枝変わりのようなもともとは同じ種子由来のものであっても，一つでも区別できるところがあれば別の品種として登録することも許される．一般に類似品種を区別することは容易であるが，同定することは困難である．肥後サザンカの名花'大錦'には，花はよく似ているが区別の付く二つの系統，山崎系統と斉藤系統，が存在する．これは，説明を聞き，よく観察すれば誰でも2系統あることに異論はない．一方，異なる品種名が付いているのに形態的に区別が付かない品種は問題である．誰が見ても全く区別が付かないが，もしかしたらどこか違うかも知れないと思うからである．例えば，'Donchelarii' は，久留米ツバキの名花'正義（まさよし）'と同じと言われている．一方，肥後ツバキの品種である'熊谷（くまがい）'は各地に古木があり，三倍体としての特徴から同じものであると思われながら確証は持てないことが多い．

　平戸に最も大きな古木のあるハルサザンカ品種'凱旋'にもよく似た株が日本各地にあり，別名が付けられていた．著者（1988a）は，類似したクローン品種の区別ではなく同定を行ったことがあるので紹介する．ツバキ属植物には強い自家不和合性があり，同じクローンであれば交雑しても結実せず，異なるクローンであれば結実することを利用して品種の同定を試みた．研究の結果，京都に古い株のある'楊貴妃'，山口に古い株のある'紅玲'

は平戸に古木のある'凱旋'と交雑しても結実しないので同じクローンであると言う結論を得た．ツバキ属植物には複対立遺伝子の自家不和合遺伝子の種類が多数あるので，平戸と京都など離れたところにある株が形質も区別が付かず，しかも二つの自家不和合遺伝子とも同じであることは別のクローンの場合考えにくいからである．

　一方，DNAのSSR (Simple sequence repeat) 領域を利用したDNAマーカーは，変異が極めて多い上，再現性が高いので，ヒトの親子鑑定に用いられるだけでなく，動物,植物一般でも個体識別に有効な領域で,品種の「区別」だけでなく困難な「同定」にも役に立つものと考えられる．SSR領域とは，DNAの1〜6の塩基を繰り返し単位とする単純反復配列領域のことで，別名マイクロサテライトMicrosatelliteとも呼ばれ，連鎖地図作成や集団遺伝学的などにも広く利用されている．いくつかのSSR領域を調べれば同じ組み合わせを持つヒトの現れる確立が簡単に1兆分の1以下になるのに対し，ヒトは約65億人しかいないことから指紋と同様，同定の手段として用いられるようになった．著者も肥後ツバキの類縁関係を調べるためSSRマーカーを用い，枝変わりでないものは区別が付き，枝変わりは遺伝的にほぼ同じであるという結果を得た．

　一方,新品種の登録には育種家のモラルが必要である．種子繁殖をする固定品種では，品種内に困らない程度の変異がもともとあるので，品種としての区別が困難で，同じ品種を他の会社が別の名前で販売したとしても同じ品種かどうかを証明するのは困難な場合が多い．企業や育種家のモラルがなければ育種した人間の権利を盗むこ

とは容易に思える．また，新品種を登録するかどうかの判断基準にも哲学が関係する二つの考え方がある．一つは，新規性があり，ＵＰＯＶなどの基準に合致すれば，それまでの品種より劣っていても新品種として登録してもよいとする考え方で，それまで気付かなかった優れた点が多いかも知れないし，劣った品種は社会が淘汰するであろうというものである．新品種を登録するためには，労力，費用などもかかるので基本的には優れたところがあるものしか登録されないと思うが，趣味の育種家は愛着と名誉のために登録する場合も多く，花の新品種の申請が日本などでは最も多くなっている．もう一つは，育種家が本当にこれまでの品種よりも優れたものだけを判断して登録すべきだという考え方がある．それまでの品種より明らかに劣っている品種の不必要な登録は社会を混乱させるので，育種家のモラルが必要だというのである．新品種を登録するに当たってどちらの判断基準を選ぶかの参考の考え方としたい．

　品種名は，名前によりその品種が普及するかどうかに大きく影響する．特に農産物では売れ行きに大きく関係する．第一に，品種名は品種の特徴を表す名前にするなど他の品種から区別して覚えやすくすることが重要である．また，江戸時代の花の品種名には，文学的で美しいものも多く，名前がその品種をさらに美しくする効果もある．一方，その地域の誇りとする歴史に基づくものや人名や地名に基づく名前も多い．名前を付けられることは名誉なことで，趣味家が育種するモチベーションにもなっているが，本人や自分の家族の名前を自ら付けることはモラルとして慎みたい．その植物に貢献した人物を

記念して付けたり，原木の存在する地域の品種が生まれた年代を連想させるためにその時代を代表するその地域の歴史上の人物名を付けたりするなどもっと重く考えるべきである．ツバキの育種家でもあり，最終的な被子植物の自然分類体系を作った一人でもある Parks 博士も，トウツバキとツバキの雑種で 'Dr. C. R. Parks' という品種は自分で育種したものであるが，自分で付けたものではないと強調していた．また，著者が研究した久留米の観音寺にあるハルサザンカの古木の品種名は，いつの間にか寺名（地名）が品種名になったもので，サザンカ祭りまで開かれるようになった．お寺の名前の付いた品種が存在することはお寺にとってそれだけ名誉なことで，命名がいかに重要かを示す良い例である．このように，品種名は，育種家あるいは発見者が基本的に自由に付けてよいがモラルが必要で，また，種内で重複しないように正式には登録しなければならない．また，登録を受ける側の人間が，安易に名前を付けないようにアドバイスできるようにルールを作るべきである．

　一方，品種名とは別に商標名を付けてもよいことが栽培植物命名法国際規約の第Ⅳ部「名前の登録の 5 条」で規定されている．柑橘の品種名 '不知火（しらぬい）' はデコポンという商標名を持ち，二つの名前を持つこと自体は規約上問題とならないが，日本ではデコポンが品種名的に使われることも多い．

第12章　品種名の表し方
Nomenclature for Cultivated Plants

　第2章で1953年に始まった栽培植物命名法国際規約の歴史などについて考察を行った．また，品種の登録については，植物の新品種の保護に関する国際条約（UPOV条約）など前章で詳述した．品種の種名など学名の表し方，学名中の品種名の表し方については国際植物命名規約（I. C. B. N.）に従わなければならないが，野生種を中心に規約がなされており，栽培植物については栽培植物命名法国際規約で補っているので，これらに従わなければならない．ただし，この本で考察した概念で品種を分類した際，具体的に品種名を学名の中でどう表現するべきかも考えてみる価値がある．原則的には最新版である第7版（2004）の命名法を踏襲して混乱を招かないことを念頭に，合わせて著者の考え方を紹介する．栽培植物の命名法については栽培植物命名法国際規約から国際植物命名規約への働きかけがあってよいと考える．

　栽培植物命名法国際規約の第Ⅱ部の「規則と勧告」では32条もの条文がその下の多くの項目や注意および実例と共に掲載されており，規約書としては実例が多く，それなりに分かりやすい．しかし，理想を言えば気になることも多い．まず，種内品種は，親種の属名，種小名の後に‘’で囲むことになっているが cv. を付けて品

種名を書くべきだと考える．品種の命名者は，略してよいが，学名の中で変種を var. と書くように変種と同格である品種 cv. も ' ' ではなく学名の中では同様の記載にすべきである．例えば，テッポウユリ Easter Lily の品種が 'ヒノモト'，'Hinomoto' の時に，一般にはテッポウユリ 'ヒノモト'，Easter Lily 'Hinomoto' と書いても構わないが，学名の中では *Lilium longiflorum* L. cv. Hinomoto とし，*Lilium longiflorum* 'Hinomoto' あるいは，*Lilium longiflorum* L. cv. 'Hinomoto' にしない方が論理的である．ただし，栽培植物命名法国際規約のルールが変わるまではそれに従うしかない．

　品種群名は，変種と同様にラテン語の文法で記載し，イタリック表示にする（第3章）のに対して，学名の表記として品種名は，固有名詞として扱い，ラテン語の文法で記載せず，したがってイタリック体にしない．アルファベット圏以外の品種名をアルファベットで表記する場合には，原則として英語の発音で最も原語の音に近いスペルとする．国際的には品種の混同を避けるため品種名はもともとの名前を用い，導入国で付けた新たな品種名，あるいは翻訳した名前での販売は原則的にしない．また，それぞれの国内では，例えば日本国内では，通用する言葉であれば漢字でもカタカナでもアルファベットでも構わない．ここまでの品種名の表記法の原則は，栽培植物命名法国際規約の規定とほぼ同じ見解である．ただし，混乱を避けるため表音文字でなく表意文字の中国と日本の間では漢字で表わすことも可能とする．これは，音から別の漢字が当てられて同じ品種が二つの名前を持ち，異なる品種と誤解されるなど混乱しないようにする

ためである．

　国際植物命名規約によると，種間品種は，雑種式 Hybrid formula で×で名前を結びつけて雑種を表すことになっている．種間雑種や古くからの種間雑種起原で来歴のあまり明らかでないものには，これまで通り特有の種小名を与え，雑種起原であることが知られたものには種小名の前に×を付ける所までは国際植物命名規約なので合理的であるが，栽培植物命名法国際規約では，種間品種の場合，安易に属名の下に種小名を書かず，品種名を' 'で囲んで表すことを「推奨」しているような実例が多く書かれている．しかし，生物の名前は二名法で属名と種小名で成り立っているのであるから雑種であっても何らかの種小名を与えるべきである．例えば，ハクサイ Chinese cabbage の仲間 *Brassica campestris* とクロガラシ *B. nigra* の種間雑種の複二倍体起原とされているカラシナ Leaf mustard の品種'阿蘇高菜'の場合は *Brassica* 'Asotakana' とせずに，*B.* × *juncea* cv. Asotakana とした方が良い．ただし，品種名を' 'で囲んで表す現行の栽培植物命名法国際規約のルールの元では差し当たり *B.* × *juncea* 'Asotakana' と書く．

　明らかに人為交雑により作られた種の組み合わせの場合には，品種として普及するまでは，属名の後に種子親 Seed parent の種小名×花粉親 Pollen parent の種小名，命名者の位置にはその種間雑種の最初の作出者名 Breeder's name を，品種として普及した後は，その後に cv. 品種名を加える．例えば，サザンカとヤブツバキの雑種の場合，従来通り交配組み合わせは *Camellia sasanqua* × *C. japonica* で表わし，人為的に得られた雑

種起原の F_1 は著者が作ったものが最初と考えられるので F_1 の学名は *Camellia sasanqua* × *japonica* T. Tanaka と表わす．ただし，サザンカとヤブツバキ間の雑種起原と考えられるが，雑種として作られたという記録がなく，学名としてサザンカともヤブツバキとも書けないような中間の形質を持つ品種群として成立しているハルサザンカの品種'凱旋'には *Camellia* × *vernalis* cv. Gaisen のように新たな種名を与える．

　三元以上の交雑や戻し交配の場合も同様に，属名（A × B）× C と表わす．例えば，（エビネ *Calanthe discolor* Lindl. ×キエビネ *C. striata* R. Br.）×キリシマエビネ *C. aristulifera* で作られた三元雑種の学名は *Calanthe* (*discolor* × *striata*) × *aristulifera* と表わし，三元雑種と考えられる自然界でできたサツマエビネおよび人為的に作られた三元雑種の後代に大きな区別点がない場合にはそれらの品種群を *Calanthe* × *hortensis* とし，品種名はその後に付ける．親の品種名が分かっていても2種以上の種間雑種の学名中では表記しない．一般的に種間にはそれぞれの種内に含まれる変異より大きな変異があり，雑種第一代間には共通の形質が多いものと考えられるからである．ただし，具体的な親の品種名についても分かっていればできるだけ記載し，引用文献などで調べられるように心がける．

　一方，国際植物命名規約で，属間品種は，短縮雑種式 Condensed formula で表すことになっている．「×」を付けて，種子親，花粉親の順に属名をラテン語の文法に従って組み合わせて表し，種小名は種間品種と同様にする．例えば，ラン科植物のカトレア *Cattleya* 属植物，レ

リア *Laelia* 属植物およびソフロニチス属植物 *Sophronitis* 間の3属間雑種の場合，× *Sophrolaeriocattleya* のように×をつけて書くことになっている．しかし，自然界で属間雑種が生じることは極めて稀で，生物分類学では命名法にそれほど関心を持たれていないように思える．一方，栽培植物では，属内のいくつかの種間で雑種ができていることもラン科植物では多いことからこれだけでは不十分である．属名を区別するために花粉親の属名の頭文字を大文字にして短縮せずに書き，種小名も付記し，乗法記号「×」は属の前だけではなく種小名間にも書くとより分かりやすい．例えばダイコン *Raphanus sativus* とハクサイ *Brassica campestris* の属間雑種の場合，× *RaphanoBrassica sativus* × *campestris* とし，ハクサイとダイコンの属間雑種の場合，× *BrassicoRaphanus campestris* × *sativus* のように書く．属間品種などで属名と種小名の雑種式が異なるのは，属名の多くは固有名詞なので組み合わせても意味を気にすることはないが，種小名は形容詞でそれぞれ意味を持っているので組み合わせると意味が分かりにくくなるからである．ただし，属名の短縮雑種式が普及しているラン科植物など一度登録されたものは変えるべきでない．

　栽培植物命名法国際規約では，1969年からキメラ品種の表記法がある．著者も花卉や果樹類にはキメラ品種が多いことをよく知っている．著者の研究対象の一つである肥後ツバキには縦絞りの品種が多いことや江戸時代の『草木錦葉集』にある斑入り植物の多くもキメラであるからである．また，コルヒチン処理や組織培養で得られる変異体も当初は規則性のないキメラで，区分キメラ

や周縁キメラなどに選抜固定されて利用される．最新版の栽培植物命名法国際規約（第2条10項，第4条1項）でも命名法が検討され，属間あるいは属内の種間での接ぎ木キメラ（第21条）の表記は，アルファベット順に配列された構成分類群の名前を＋記号で繋げることになっている．しかし，接ぎ木キメラでできた品種は少なく，キメラ品種の多くは種内品種であり，栽培植物命名法国際規約のルールでも命名は種名の後に単にcv.でよい．

　一方，複二倍体雑種の表記法は栽培植物命名法国際規約の最新版（2004）でも検討されていない．そこで，複二倍体雑種の種名の付け方として新しい雑種式を提案したい．例えば，ハクサイの仲間 Brassica campestris とキャベツの仲間 B. oleracea 間の複二倍体雑種と考えられているものに古くからあるセイヨウナタネ Oilseed rape やルタバガ Rutabaga, B. napus があり，コルヒチンを用いて作られた複二倍体雑種はハクラン，細胞融合で作られた複二倍体雑種はバイオハクランと言われ，ハクランとバイオハクランを合わせて学名は B. × napus とされる．しかし，著者は，ゲノム分析などで雑種起原の複二倍体であることが明らかになっているのでセイヨウナタネやルタバガに B. × napus を与え，交雑により人為的に作られたハクランは，二倍体同士を交雑して得られた F_1 をコルヒチン処理で倍加して作った場合には Brassica 2 × (campestris × oleracea) に，最初に倍加した四倍体間で F_1 を作った場合には Brassica (2 × campestris × 2 × oleracea) という雑種式を提案したい．

　細胞融合で得られた雑種については1969年には第8

条にキメラと合わせて書いてあるが，逆に最新版の栽培植物命名法国際規約では書かれていないので考察する．近年，交雑育種ではできなかった交配組み合わせが細胞融合により得られている．第4章に書いたようにバイオテクノロジーにより得られた遺伝子組み換えによる形質転換体，あるいは不活化した核を持つプロトプラストと正常なプロトプラストを融合した非対称融合の「種間雑種」では，細胞質などの遺伝子が核の遺伝子に比べると非常に小さいので種名は核を主に支配する方の種名で表せばよい．この「種間雑種」では，多くの場合，核を支配する種と交雑親和性が高く，このことからも種名には雑種としなくてもよいと考えられるからである．

　一方，対称融合の種間雑種には新しい雑種式を考案した．実例数が少ないとは言え，すでに栽培植物命名法国際規約が古くからキメラ品種の記載に＋を用いているので混乱を招くかも知れないが，雑種式は覚えやすくないと実用的でないので理想として細胞融合による雑種を「＋」に，接ぎ木キメラ品種の場合，台木を分母，穂木を分子に見立てて「/」にすることを考えた．対称融合の種間雑種は体細胞の融合であるので倍加しなくても最初から複二倍体になっており，また，栽培植物命名法国際規約に命名法が記載されていない．そこで，対称融合の種間雑種には複二倍体と接ぎ木キメラ品種を組み合わせた新しい雑種式を提案する．例えば，水谷らにより細胞融合で最初に得られたレタス *Lactuca sativa* とアキノノゲシ Japanese Milkweed, *L. indica* L. 間の雑種の場合，*Lactuca* (2 × *indica* ＋ 2 × *sativa*) Mizutani *et al.* とする．同様に，前述のバイオハクランは，*Brassica* (2 ×

campestris ＋ 2 × *oleracea*）とする．細胞融合は雑種で接ぎ木キメラとは本質的に異なるが，交雑による雑種を「×」で，細胞融合による雑種を「＋」と表記するものと考えると覚えやすい．雑種式は覚えやすくないと実用的でないと書いたのは，雑種式で書かれた学名を見た際に，何であったのか正確に思い出すのに時間がかかると困るからである．

　この本で提案している学名としての品種名，品種群名の表記方法は，ラン科植物にも適用できると考える．ラン科植物では，他の科と異なり属間雑種が多く作られているので，属間雑種の学名としての表記方法も普及している．また，属間を含む種間の雑種の組み合わせに対して品種名を含む学名は，品種群名的な記載とその中の品種名的なクローン品種の記載を組み合わせて表記される点なども似ているからである．

あとがき
Postface

　ラマルクの進化論や証拠としての化石など，ダーウィン以前にも進化論はあったが，その合理的，論理的な点において人々を納得させるものでなかった．ダーウィンの自然淘汰説などが現れて初めて進化が広く社会に認められるようになり，自然分類などその後の生物学の発展の基礎となった．この本は，短い論文としてではなく，本として読んで初めて理解できるもので，このような論文を投稿する雑誌が見当たらない．最近の研究者は，論文を書くことが研究の中心になり，全体を見て学問を体系化しようとする人が少なくなった．この本の内容は，園芸学，作物学，育種学，林学などの農学だけでなく，一般生物学分野にも及んでおり，できるだけ多くの研究者に読んで欲しいものと思っている．
　一方，植物の命名規約は，個人で作るものではなく，国際的な機関で決めるべきものということは認識している．しかし，1998年および2002年に開かれた国際栽培植物命名規約委員会（2004）を含め，規約はあるが，概念についてはそれほど理論的，合理的なものに見えない．合理的な品種の定義がなされれば，規約もおのずと改善されるはずである．分類学や他の研究で業績をあげた研究者でも学会などの代表として委員となった時，必ずしも著者のような品種の概念に思い至るとは考えられ

ない．著者は，学生時代から品種の起原について考えてきたが，国際栽培植物命名規約の委員などとは縁がなかった．この本を読んだ方の中で将来そのような委員になられる方がいれば幸いである．

　言葉は，情報や感情などを伝えるための媒体である．したがって，言葉は文化の中でも核になるもので，文化に優劣があるように，言葉にも優劣がある．中国語やラテン語は，語彙も多く，古代から優れた言語文化で，日本語や英語は，後にそれらから語彙を取り入れて優れた表現力を生み出すことができるようになった．例えば，一般の生活に直接重要でない「胚」や「Embryo」という生物学的用語は，古代中国やギリシアで作られた用語で，その頃の日本人やアングロサクソン人には，相手に言葉で伝えることのできないものであった．一方，用語が重要であるのは，用語が持っている概念である．日本語で「品種」，英語で「Cultivar」と表現され，発音されるように単語は異なっても高度な文化を持った言語同士であれば翻訳という形で同じ概念を伝えることができ，共有することができる．しかし，言葉が正確な情報を伝達するためには，同じ言葉に対する同じ概念を共有しておく必要があるのに，品種，Cultivarについては明確な世界共通の概念がなかった．この本では，品種という言葉に関して定義よりも概念について考察したのは，このような理由からであった．

　学会の論文の体裁では，国際栽培植物命名規約に従うことを原則にして，それでも学会ごとに独自に品種の表記の方法を決めている．この本は，品種について論理的に考察したもので，品種の概念の理解および合理的な理

解から考え出した品種の定義を発案し，品種の概念と定義については，新しい考え方を数多く紹介した．一方，この本で提案した品種の命名法は，国際栽培植物命名規約による命名法の体裁とそれほど異なっていない．それは，これまでの命名法の慣例を大きく変えると混乱を招くためというよりも，これまでの慣例でも大きな問題はないからであった．また，これまでの命名法がそれなりに優れているのは，1961年，1969年の栽培植物命名法国際規約委員会の委員長であった田中長三郎博士の見識によるところが大きい．

　まえがきに，「品種の概念，定義に関する著者の考え方を公開して叩き台としたい」と書いたが，この本がたとえ，品種の概念，定義のための公の叩き台として使われなくとも読者の方には品種の理解のため役に立つものと信じている．

謝辞
Acknowledgment

　この本は九州大学名誉教授，藤枝國光博士やカナダ・アルバータ大学特別栄誉教授，比留木忠治博士，元農林水産省の種苗課長で現東海農政局，竹森三治局長など数人の方に校閲をしていただき，出版に当たっては東海大学出版会にお世話になった．ここに深甚なる感謝の意を表する．

　なお，この本は平成23年度科学研究費補助金（研究成果公開促進費課題番号235277）の助成を受けて出版するものである．

参考文献
Literature cited

Anderson, E. 1949. Introgressive Hybridization. John Wiley & Sons, Inc., New York. Chapman & Hall, Limited, London.

APG (Angiosperm Phylogeny Group). 2003. An update of the Angiosperm Phylogeny Group classification for the orders and families of flowering plants : APG II. Bot. J. Linn. Soc. 141 : 399-436.

Arumugam, N., A. Mukhopadhyay, V. Gupta, Y. S. Sodhi, J. K. Verma, D. Pental and A. K. Pradhan. 2002. Synthesis of somatic hybrids (RCBB) by fusing heat-tolerant *Raphanus sativus* (RR) and *Brassica oleracea* (CC) with *Brassica nigra* (BB). Plant Breeding 121 : 168-170.

Brickell, C. D. (Commission chairman). 2004. International Code of Nomenclature for Cultivated Plants. Acta Horticulturae 647.

De Nettancourt, D. 1977. Incompatibility in Angiosperms. Springer-Verlag, Berlin, Heidelberg, New York.

de Vilmorin, R. (Chairman). The Editorial Committee of the Commission, with two distributors, American Horticultural Council and The Royal Horticultural Society. 1961. International Code of Nomenclature for Cultivated Plants obtained from The International Bureau for Plant Taxonomy and Nomenclature, Utrecht, Netherlands, The International Union of Biological Sciences 22 : 1-30.

Darwin, C. 1859. On the Origin of Species by Means of Natural Selection, or the Preservation of Favoured Races in the Struggle for Life. John Murray, London.

Harborne, J. B. 1967. Comparative Biochemistry of the Flavonids. Academic Press, London and New York.

Hetterscheid, W. L. A. and W. A. Brandenburg. 1995. Culton versus taxon : conceptual issues in cultivated plant systematics. Taxon 44 : 161-175.

国際園芸学会. 2008. 国際栽培植物命名規約 第7版. アボック社, 鎌倉.

熊沢三郎, 1965. 蔬菜園芸各論, 養賢堂, 東京.

Li, J., S. Ni, X. Li, X. Zhang and J. Gao. 2008. Developing the international test guideline of distinctness, uniformity and stability for ornamental camellia varieties, International Camellia Journal 40 : 112-118.

Mabberley, D. J. (eds.). 2008. Mabberley's Plant Book – A Portable Dictionary of Plants, their Classification and Uses. Ed.3. Cambridge

Univ. Press, Cambridge.

村上哲明．1992．分子系統学と陸上植物の系統．遺伝 46 (6) : 10 - 17.

Nitasaka, E. 2003. Insertion of an En/Spm-related transposable element into a floral homeotic gene DUPLICATED causes a double flower phenotype in the Japanese morning glory. Plant J. 36: 522–531.

大場秀章．2008．植物分類表．アボック社，鎌倉．

Palmer, J. D. 1986. Chloroplast DNA and phylogenetic relationships. p. 63-80. In : S. K. Dutta (ed.). DNA Systematics Vol. 2 Plants. CRC Press Inc. Boca Raton, Florida.

Pasteur, N. , G. Pasteur, F. Bonhomme, J. Catalan and J. Britton-Davidian. 1988. Practical Isozyme Genetics. Ellis Howwood Ltd., Chichester.

Qiu, Y. L., M. W. Chase D. H. Les and C. R. Parks. 1993. Molecular phylogenetics of the Magnoliidae: Cladistic analyses of nucleotide sequences of the plastid gene *rbc*L. Ann. Missouri Bot. Gard. 80 : 587-606.

Raubeson, L. , A. and R. K. Jansen. 1992. Chloroplast DNA evidence on the ancient evolutionary split in vascular land plants. Science 255 : 1697-1699.

Shannon, L. M. 1967. Plant isozymes. Annual Review of Plant Physiology : 187-210.

Soltis, D. E. and P. S. Soltis. 1990. Isozymes in Plant Biology. Chapman and Hall, London.

Takamura, T. and I. Miyajima. 2002. Origin of tetraploid progenies in 4X × 2X crosses of cyclamen (*Cyclamen percicum* Mill.). J. Japan. Soc. Hort. Sci. 71 : 632-637.

Tamura, M. 1974. Phylogeny and classification of the Angiosperms. Sanseido, Tokyo.

Tanaka, C. (Chairman). 1969. International Code of Nomenclature for Cultivated Plants. obtained from four societies ; (1) The international Bureau for Plant Taxonomy and Nomenclature, Utrecht, Netherlands, (2) The American Horticultural Society Washington D. C. , (3) Crop Science Society of America, Wisconsin, and (4) The Royal Horticultural Society, London.

Tanaka, T. 1988a. Cytogenetic studies on the origin of *Camellia* × *vernalis* III. A method to identify the cultivars using self - incompatibility. J. Japan. Soc. Hort. Sci. 56 : 452-456.

Tanaka, T. 1988b. Cytogenetic studies on the origin of *Camellia* × *vernalis* IV. Introgressive hybridization of *C. sasanqua* and *C. japonica*. J. Japan. Soc. Hort. Sci. 57 : 499-506.

Tanaka, T., N. Hakoda and S. Uemoto. 1986. Cytogenetic studies on the origin of *Camellia vernalis* II. Grouping of *C. vernalis* cultivars by the chromosome numbers and the relationships between them. J. Japan. Soc. Hort. Sci. 55 : 207-214.

Tanaka, T., S. Kirino, N. Hakoda, K. Fujieda and T. Mizutani. 2001. Studies on the origin of *Camellia wabiske*. Proc. Sch. of Agri., Kyushu Tokai Univ. 20 : 1-7.

Tanaka, T., T. Mizutani, M. Shibata, N. Tanikawa and C. R. Parks. 2005. Cytogenetic studies on the origin of *Camellia* × *vernalis*. V. Estimation of the seed parent of *C.* × *vernalis* that evolved about 400 years ago by cpDNA analysis. J. Japan. Soc. Hort. Sci., 74 : 464-468.

Tanaka, T., C. R. Parks and W. F. Homeyer. 1988. The species parentage of 'Howard Dumas'. Atlantic Coast Camellias 35 : 8-11.

Tanaka,Y. (Chairman) . 1957. International Union of Biological Sciences. Report of the International Committee on Genetic Symbols and Nomenclature. Pan-pacific Press, Tokyo.

Tanaka,Yoshimaro.1958. International recommended rules for genetic symbolization. Japanese J. Human Genetics 3 (4) : 176-180 .

植田邦彦 .1992. 分子系統学とモクレン科の系統 . 遺伝 46 (6) : 44-46.

Uemoto, S., T. Tanaka, and K. Fujieda. 1980. Cytogenetic studies on the origin of *Camellia vernalis*. I. On the meiotic chromosomes in some related *Camellia* forms in Hirado island. J. Japan. Soc. Hort. Sci. 48 : 475-482.

Watson, J. D. , N. H. Hopkins, J. W. Roberts, J. A. Steitz and A. M. Weiner. 1987. Molecular biology of the gene 4th ed. the Benjamin / Cummings Publishing Company, Menlo Park.

矢原徹一 . 1995. 花の性 . 東京大学出版会 , 東京 .

定義のまとめ

1) 変種の中で，地理的隔離などによるものを狭義の変種，人為的な隔離により形態的・生態的な特徴を維持しているものを品種と考え，品種とは「変種の内，人類にとって有用な他と区別のできる少なくとも一つの形質を持つが故に人為的に隔離増殖され，実用的に困らない範囲で親あるいはそのものが遺伝的に固定された分類的群」と定義する（第2章）．
2) 系統とは「既存の品種と区別できるグループで，人為隔離がされている点で変種の一部でもあるが品種と違って有用性が確立していないグループ」と定義する（第2章）．
3) 系とは，「品種内にある実用上困らない程度の変異の内，何らかの特徴のあるグループであるが，基本品種と明らかな隔離がされていない点で，品種内の有用性が確立していないグループ」と定義する（第2章）．
4) 品種群とは「来歴あるいは形態の比較的類似した品種の集団で，品種群内の品種は近縁の他の品種群内の品種と区別できる共通の特徴を持ち，グループ間に何らかの隔離がなされているか，なされていたもの」と定義する（第3章）．

学名記載法のまとめ

1）品種群名はラテン語の文法で記載し，品種名は固有名詞として書く（第3章）．

（例）*Brassica campestris* scv. *pekinensis* cv. Musou

2）連続戻し交配で約90％以上の遺伝子を占めるようになれば雑種から種へ復帰したものと見なし，種内品種として扱う（第4章）．

3）*Calanthe* spp. などと表わされてきたエビネの品種群のように複数の種間交雑品種など種小名を表わすことができない植物にも学名として×*hortensis* を与える．ただし，雑種起原でない園芸品種の学名には野生種の学名を用い，安易にこの種小名を与えない（第9章）．

4）交雑による雑種は「×」で，細胞融合による雑種は「＋」，キメラ品種は「／」で表わす（第12章）．

（例）サザンカとヤブツバキの雑種の交配組み合わせは *Camellia sasanqua* × *C. japonica*，得られた F_1 の学名は *Camellia sasanqua* × *japonica* T. Tanaka *et al.*，また，両種間の雑種起原と考えられるハルサザンカの品種群は *Camellia* × *vernalis* と表わす．

（例）属間品種の短縮雑種式としてダイコン *Raphanus sativus* とハクサイ *Brassica campestris* の属間雑種は，×*RaphanoBrassica sativus* × *campestris* と表わし，ハクサイとダイコンの属間雑種は×*BrassicoRaphanus campestris* × *sativus* と表わす．

（例）複二倍体の場合，種間雑種を倍加した時 *Brassica* 2×(*campestris* × *oleracea*) とし，最初に倍加した四倍体間で F_1 を作った時 *Brassica* (2×*campestris* × 2×*oleracea*) とする雑種式を提案する．

（例）レタス *Lactuca sativa* とアキノノゲシ *L. indica* L. 間の体細胞雑種の場合 *Lactuca* (2×*indica* ＋ 2×*sativa*) Mizutani *et al.* とする．

事項名索引

【あ】
アイゾザイム Isozyme 45,52,65,90
アガモスパーミー（無受精種子形成）
　Agamospermy 129
亜種 Subspecies 27,58
アポガミー（無配生殖）Apogamy 129
アポミクシス Apomixis 129
アロザイム Allozyme 52,65
Anderson, Edgar 38,107

【い】
育種系統 Breeding line 20
異形花型自家不和合性 Sporophytic
　heteromorphic self-incompatibility 76
異型接合体 Heterozygote 125
異質三倍体 Allotriploid 78
異種染色体添加系統 Alien chromosome
　addition lines 54
異所的 Allopatric 46
異数体 Aneuploid 41,53
1遺伝子1酵素説 One gene - one enzyme
　hypothesis 52
一価染色体 Univalent chromosome 51,77
遺伝子 gene
　−型 Genotype 20,21
　−組み換え Recombination of − 35
　−座 locus 65
　−相互作用 − interaction 127
　−導入品種 Transgenic cultivar 37
　−の欠落 Deletion of − 124
　−の分離 Segregation of − 40
　−のホモ化 Homozygous − 15,128

【う】
ウィルス Virus 17
　−・フリー　− free 131

【え】
栄養生殖 Vegetative reproduction 130
栄養繁殖 Vegetative propagation 15,106,
　130
枝変わり Bud mutation 136
n世代 N generation 53

F_1品種　F_1 cultivar 15,19,116,126,131
Engler, Heinrich G. A. 7,63,67,69

【お】
雄株 Male stock 97
雄蕊の弁化 Petaloid 88

【か】
科 Family 6
界 Kingdom 6
閉花受精 Cleistogamy 127
カイ二乗 χ^2 square 54
核型 Karyotype 21,53
隔年結果 Alternate year bearing 96
隔離 Isolation 43
花粉 Pollen
　−四分子 −tetrad 132
　−親　−parents 87
　−稔性 −fertility 58
　−媒介者 Pollinator 128
　−母細胞　−mother cells 53,77
ガラパゴス諸島 Galapagos Islands 44

【き】
キアズマ Chiasma 40
機械的隔離 Mechanical isolation 43
偽花説 Pseudanthial theory 63
寄主 Host plant 61
奇数倍数体 Odd polyploid 41
季節的隔離 Seasonal isolation 2,43,82
基本種 Elementary species 17
キメラ Chimera 17,143
逆転 Reversion and Inversion 56
Qiu, Yin-Long 66
共進化 Co-evolution 103,127
共優性 Co-dominance 52,54,65
巨大花粉 Giant pollen grain 54

【く】
区分キメラ Sectorial chimera 143
組み換え Recombination 66
クライン Cline 44
クローン Clone 21,132,146
Cronquist, Arthur 63

【け】
系 Strain 20
形質転換体 Transformant 35
形質の固定 Fixation 15
形態学 Morphology 2

索引

形態的分類 Morphological classification 63
系統 Line 20
系統樹 Phylogenetical dendrogram 2,6,61
結球 Heading 98
結実性 Fructification 95
欠落遺伝子 Null gene 57
ゲノム Genome 23,58,77,87
原始的単子葉植物 Basal monocots 69
原始的被子植物 Basal Angiosperm 69
減数分裂 Meiosis 25,58,77

【こ】
綱 Class 6
交雑 Cross
 − 育種 − breeding 75
 − 親和性 − compatibility 5,23,50,61,70, 98,125
高次倍数体 Higher polyploid 41
紅藻類 Rhodophyta 45
合弁花植物 Sympetalae 67
国際植物命名規約 International Code of Botanical Nomenclature 141
コケ植物 Bryophyta 45,63
古生物学 Palaeontology 5
同定と区別 Identification 135
固定品種（系統）10,15,126

【さ】
サイトプラスト Cytoplast 37
栽培植物命名法国際規約 International Code of Nomenclature for Cultivated Plants 11,140
細胞質遺伝 Cytoplasmic inheritance 66, 84
細胞融合 Cell fusion 35,145
在来品種 Local cultivar 15,125
雑種 Hybrid 92
 − 起源 − origin 78,97,105,118
 − 強勢 − vigor 16,123
 − 式 − formula 105,141
 − 第一代 − First filial generation 2,52, 127
 − バンド Heterozygous band 65
三元雑種 Triple hybrid 106
サンダーズリスト Sander's list 134
三倍体 Triploid 41,97,111,129,132
 − 品種 − cultivars 28

【し】
ジーン・プール Gene pool 2,46
自家不和合性 Self-incompatibility 15,75, 83, 126

色素 Pigmentation 45, 65
4元交配 16
自殖 Self-pollination 38,124
自然交雑 Open pollination 76,91,97
自然分類 Natural system 6,61,70
シダ植物 Pteridophyta 45,63
子房 Ovary 64
弱勢化 Depression 125
雌雄異株 Dioecism 126
雌雄異熟 Dichogamy 126
周縁キメラ Periclinal chimera 144
集団 Population 45
種 Species 1
種間 Interspecific
 − 雑種 − hybrid 59,62,77,84,96,107,115
 − 品種 − cultivars 36,141
 − 品種群内品種 − united supercultivars 37
 − 複合品種 − complex cultivars 37
種子 Seed
 − 親 − parents 87
 − バンク − bank 22
 − 繁殖 − propagation 15
種小名 Specific epithet 70,107,139
種内 Intraspecific
 − 品種 − cultivars 36,39,139
 − 変異 − variation 40,47,70
種苗法 Plant variety protection and seed act 133
種への復帰 Recovery to species 38
ジュラ紀 Jurassic period 64
小進化 Microevolution 44
小胞子葉 Microspore leaf 64
人為 Artificial
 − 隔離 − isolation 2,19,43
 − 交雑 − cross 76
 − 分類 − classification 35,71
進化 Evolution 6,43,45,51
 − 論 The Theory of − 62
人工種子 Artificial seeds 132
真正双子葉植物 Eudicots 69
新生代 Cenozoic 44,103
浸透交雑 Introgression 38,42,80,107
心皮 Carpel 69

【す】
ストロビロイド説 Strobiloid theory 63

【せ】
生活の場 Habitat 63
生活力 Viability, Vitality 125

成形苗 Plug seedling 131
生合成 Biosynthesis 65
生殖細胞 Germ cell 77
生殖的 Reproductive
　－隔離 – isolation 2,39,43,46,48,55,70,
82,91,124
　　－バリア　－barrier 41
　　－能力　–ability 123
生態的 Ecological
　－隔離　–isolation 2,38,43,82
　－適環境 Niche 45
生物学的分類 Biological classification 6,61
染色体 Chromosome
　－の大きさ –size 48
　－の対合 – pairing 77
選抜 Selection 95

【そ】
双子葉植物 Dicotyledoneae, Dicots 67
相同染色体 Homologous chromosome 49,
51,56,77
相反交雑 Reciprocal cross 4,50,59
属 Genus 2
属間雑種 Intergeneric hybrid 62,107
属間品種 Intergeneric cultivars 37,142

【た】
Darwin, Charles 43
退化 Degeneration 64
耐寒性 Hardiness 30,73
第3紀周極要素 Elements of Arcto Tertiary
origin 45
対称融合 Symmetric cell fusion 145
耐暑性 Hot tolerance 73
大進化 Macroevolution 44,63
耐病性 Disease tolerance 38
大胞子葉 Megaspore leaf 64
大陸移動 Continental drift 45
対立遺伝子 Allele 52,65
大量増殖 Micropropagation 132
他殖 Outbreeding 15,65,76,126
脱粒性 Shattering habit 98
田中長三郎 Chozaburo Tanaka 11
多胚現象 Polyembryo 130
単為結果 Parthenocarpy 59,98
短日植物 Short day plant 97
短縮雑種式 Condensed formula 142
単純反復配列 Simple sequence repeat 136
単子葉植物 Monocots 67
蛋白質 Protein 65

【ち】
地下茎 Rhizome 129
致死的 Lethal 52,54,55
地方品種 Local cultivar 29
中核単子葉植物 Core monocots 69
中生代 Mesozoic era 64
抽薹 Bolting 32
超優性 Super-dominance 125
超雄性 Super male 132
地理的隔離 Geographical isolation 2,19,
43,91

【つ】
接ぎ木 Graft 18
　－キメラ – chimera 144
　－親和性 – compatibility 61
蕾受粉 Bud pollination 126,131

【て】
転座 Translocation 56
点突然変異 Point mutation 55

【と】
同型接合性 Homozygosity 130
同質三倍体 Autotriploid 78
同質四倍体 Autotetraploid 49
同所的 Sympatric 1,46,56,70,123
同属の近縁種 Species pair 45,46
同祖染色体 Homoeologous chromosome
51,77
淘汰 Selection 55
突然変異 Mutation 17,48,55
トランスポゾン Transposon 77,87

【な】
内婚系統 Inbred Line 20
内婚弱勢 Inbreeding depression 15,125
化学分類 Chemotaxonomy 63
成り年 Bearing year 96

【に】
二価染色体 Bivalent chromosome 52
二酸化炭素施肥 CO_2 fertilizer 126,131
二倍体 Diploid 23,39
二名法 Binomial 141
2量体 Dimer 65

【ね】
熱帯高地 Tropical highland 73
熱帯コケ林 Tropical moss forest 73

稔性 Fertility 2,50,59,97

【の】
乗り換え（交差）Crossing-over 40,124, 128

【は】
胚 Embryo 64
倍加二倍体 Tetradiploid 49
倍加半数体 Doubled haploid 126
胚珠 Ovule 48
珠心 Nucellus 64
胚培養 Embryo culture 51
胚発生 Embryogeny 64
珠皮 Integument 64
Parks, Clifford R. 45,66,138
ハナバチ Bee 127
Vavilov, Nikolai 30
Palmer, Jeffrey D. 66,84
繁殖戦略 Reproductive strategy 103
反復親 Recurrent parent 42

【ひ】
非還元性配偶子 Unreduced gamete 80, 129
PCR法　85
被子植物 Angiospermae 44,63,127
被子植物系統発生 Angiosperm phylogeny 69
非対称融合 Asymmetric cell fusion 35,37, 145
BT遺伝子 BT gene 37
苗条 Shoot 64
品種 Cultivar 9,14,19
　－登録制度　－registration 133
　－の均質性　－homogeneity 15,16
　－分化　－differentiation 92
品種群 Supercultivar 28,140
品種群間雑種 Intersupercultivar hybrid 32

【ふ】
ファイトプラズマ Phytoplasma 17
斑入り Variegation 17
複対立遺伝子 Multiple alleles 56,65
複二倍体 Amphidiploid 23,48,105,141, 144
父系遺伝 Paternal inheritance 66
不成り年 Off year 96
不稔性 Sterility 98
部分相同 Partially homologous 58
プラスミッド Plasmid 37
フラボノイド Flavonoid 38,65
プロトプラスト Protoplast 35,37,145

分球 Multiplication 129
分子生物学 Molecular biology 2
分離 Segregation 15
　－世代　Segregating generation 88
　－の歪み　Distortion of － 54

【へ】
ヘテロシス Heterosis 123,125,127
ヘテロ接合性 Heterozygosity 15,75,125, 130
変異 Variation 48
変種 Variety 2,9,14

【ほ】
胞子体型自家不和合性 Gametophytic homomorphic self-incompatibility 76
母系遺伝 Maternal inheritance 66

【ま】
マイコプラズマ Mycoplasma 17
マイクロサテライト Microsatellite 136

【み】
ミトコンドリア Mitochondria 37

【む】
むかご（肉芽・鱗芽）Bulblet, Cormlet 129
無菌播種 Aseptic seeding 50,84,106,131
無配偶生殖 Sporophytic apomixis 130

【め】
メリクローン Mericlone 131
メンデルの法則 Mendel's law 76,95

【も】
目 Order 6
モクレン類 Magnoliids 69
戻し交配（交雑）Backcross 107
門 Phylum 6

【ゆ】
優性遺伝子 Dominant gene 127
有性生殖世代 Sexual generation 64
雄性不稔 Male sterile 51,125

【よ】
葉緑体DNA Chloroplast DNA 37,66,84, 112

【ら】
裸子植物 Gymnospermae 45,63

ラン科植物 Orchids 46,50,128,146
藍藻 Cyanobacteria 45
ランダム・ドリフト Random drift 29,44,46
ランナー Runner 129

【り】

利己的遺伝子 Selfish gene 128
離弁花植物 Archichlamydeae 67
両全（性）花 Hermaphrodite 76,126
緑藻 Chlorophyta 45
リンケージ Linkage 40
Linnaeus, Carolus 63
リンネ種 Linneon 63

【れ】

連続戻し交配 Continuous backcrossing 38

【ろ】

六倍体 Hexaploid 39

植物名索引

【あ】
アサガオ *Ipomoea nil* 76,88
アスパラガス *Asparagus* spp. 132
アビシニアガラシ *Brassica carinata* 23
アヤメ *Iris* spp. 38

【い】
イネ *Oryza sativa* 37,125,127

【う】
ウンシュウミカン *Citrus* spp. 98

【え】
エビネ *Calanthe discolor* 106

【お】
オオタニワタリ *Asplenium antiquum* 47
オニユリ *Lilium lancifolium* 97
オモト *Rohdea japonica* 88

【か】
カーネーション *Dianthus caryophyllus* 131
カゴメラン *Goodyera hachijoensis* 47
カブ *Brassica rapifera* 16
カボチャ *Cucurbita* spp. 62
カラシナ *Brassica juncea* 23
カンツバキ *Camellia hiemalis* 118

【き】
キャベツ *Brassica oleracea* 23,99
キュウリ *Cucumis sativus* 32
キンモクセイ *Osmanthus fragrans* 97

【こ】
コウモリシダ *Thelypteris triphylla* 46
コムギ *Triticum aestivum* 54,78

【さ】
サクラ *Prunus* spp. 96
サクラソウ *Primula* spp. 76
サザンカ *Camellia sasanqua* Thunb. 6, 42, 117

サツキ *Rhododendron indicum* 88
サツマイモ *Ipomoea batatas* 95

【し】
シクラメン *Cyclamen* spp. 30,88

【す】
スイカ *Citrullus lanatus* 98,32
スギ *Cryptomeria japonica* 97
スミレ *Viola* spp. 17,89,128

【せ】
セイヨウナタネ *Brassica napus* 23,144

【そ】
ソテツ *Cycas revoluta* 64

【た】
ダイコン *Raphanus sativus* 15,16,26,29, 32,125
タバコ *Nicotiana tabacum* 37,78

【ち】
チコリー *Cichorium intybus* 16,100
チューリップ *Tulipa gesneriana* 88

【つ】
ツバキ *Camellia* × *hortensis* 57,109

【て】
テンサイ *Beta vulgaris* 134

【と】
トウツバキ *Camellia* × *reticulata* 57,90, 111,115,138
トウモロコシ *Zea mays* 108,126
トマト *Solanum lycopersicum* 39
トルコギキョウ *Eustoma grandiflorum* 89

【ね】
ネギ *Allium fistulosum* 54

【は】
ハクサイ *Brassica campestris* 16,23,99
ハクラン *Brassica* × *napus* 144
ハナショウブ *Iris ensata* 88
バナナ *Musa* spp. 98
ハルサザンカ *Camellia* × *vernalis* 78, 118

【ひ】
ヒガンバナ *Lycoris radiata* 97
肥後サザンカ *Higo sasanqua* 119
肥後ツバキ *Higo camellia* 110,114

【ふ】
フウノキ *Liquidambar* spp. 45
フダンソウ *Beta vulgaris* 134
ブドウ *Vitis* spp. 98

【へ】
ヘツカシダ *Bolbitis subcordata* 46
ヘメロカリス *Hemerocallis* spp. 92

【ほ】
ホウレンソウ *Spinacia oleracea* 132

【ま】
マイズルソウ *Maianthemum dilatatum* 44

【め】
メロン *Cucumis melo* 30,32

【も】
モクレン *Magnolia* spp. 45

【や】
ヤブツバキ *Camellia japonica* 42,110

【ゆ】
ユリノキ *Liriodendron tulipifera* 45

【り】
リンゴツバキ *Camellia japonica* var. macrocarpa 47

【れ】
レタス *Lactuca sativa* 48,52,99,108,125

【わ】
ワケギ *Allium wakegi* 96
ワタ *Gossypium* spp. 78
ワビスケ *Camellia* × *wabiske* 115

著者紹介

田中孝幸（たなか　たかゆき）
1951 年　宮崎県生まれ
九州大学大学院農学研究科農学専攻　農学博士
東海大学農学部応用植物科学科　教授
園芸学会九州支部支部長（1999 〜 2001 年）
専門：蔬菜花卉園芸学
著書：『熊本発地球環境読本』（分担執筆，東海大学出版会）
『最新農業技術　花卉 Vol. 1』（分担執筆，農山漁村文化協会）

装丁　中野達彦

品種論（ひんしゅろん）

2012 年 2 月 29 日　第 1 版第 1 刷発行

著　　者	田中孝幸	
発 行 者	安達建夫	
発 行 所	東海大学出版会	
	〒 257-0003　神奈川県秦野市南矢名 3-10-35	
	TEL　0463-79-3921　FAX：0463-69-5087	
	URL http://www.press.tokai.ac.jp	
組 版 所	中山企画	
印 刷 所	株式会社真興社	
製 本 所	株式会社積信堂	

©Takayuki Tanaka, 2012　　　　　　ISBN978-4-486-01839-1
Ⓡ〈日本複写権センター委託出版物〉
本書の全部または一部を無断で複写複製（コピー）することは，著作権法上の例外を除き，禁じられています．本書から複写複製する場合は，日本複写権センターへご連絡の上，許諾を受けてください．
日本複写権センター（03-3401-2382）